未读 ADR | 探索家 |

“中科院物理所”
趣味科普特辑

中科院物理所 编

北京联合出版公司
Beijing United Publishing Co.,Ltd.

编委会

目录

喵呜!

奇怪，难道是我听错了?

啊!

咚!

引子

“唉……今天的光学实验又废了！”从M楼出来，物理君习惯性地望了望天，猎户座已经西垂。这已不是物理君第一次这么晚回去，最近一直都在实验室熬到深夜两三点，回到宿舍时室友都已经呼噜连连了。步入博士最后一年，却迟迟没有好的结果，想着早上洗脸又掉下一根长度3.012cm的头发，物理君烦躁地把脚边一颗石子踢进草丛。看着石子以起抛角30°、5m/s的初速度飞出去，物理君长吁了一口气，稍微舒缓了一下烦闷。

“喵呜——”一声尖厉中带着可怜的猫叫打断了物理君还没出完的这口气。“啊，不会踢到猫了吧？”一向爱护花花草草和小动物的物理君连忙循声走过去，可张望四周却并没见到猫的影子，倒是石子落下的位置正好是物理所“网红井盖”之一的“薛定谔的猫”。

物理君蹲下来打量着这只上半身完整、下半身只剩骨架的猫，一脸疑惑：难道刚才是这只猫叫的吗？开玩笑，看来我是太需要睡眠了……

就在将要起身的一刹那，物理君突然感到手腕被什么抓住，伴随着一声频率为4700Hz的猫叫以及极强的失重感，物理君眼前一黑，被井盖吸了进去。

微风拂过，几片落叶掩住了井盖上的猫影，一切陷入了沉寂，唯有微微振动的井盖预示着即将发生的不同寻常的故事。

“喂，你醒醒！你快醒醒！”迷迷糊糊间，物理君感到自己的脸火辣辣地疼，还有一个略显熟悉的声音在叫他。

睁开眼睛，物理君发现自己已经身在一个完全陌生的地方。“又是一只迷途羔羊。”旁边传来一声叹息，物理君却看不到说话的人。“别找了，我就在你脚边。”说话的竟然是一只猫！

“这是哪儿？我死了吗？为什么你会说话？”物理君一连三问。猫咪答道：“这个岛名叫‘悟理岛’，以每个人都对物理问题充满好奇著称，我是薛小猫，我每年都会遇到一个穿越过来的人。”“等等等等，你的意思是我穿越了？”物理君惊呼道，“可是我的实验还没有完成，明天的组会也还没准备呢，你快帮帮我，怎样才能回到原来的世界？”薛小猫轻轻摆了摆尾巴：“穿越回去？我可帮不了你，但我知道到这个岛上空的‘悟理学院’去有可能实现这个事。我们去前面的小区打听打听怎么去悟理学院吧。”

家里的物理

（布里渊小区）

物理君抬头一看，果然不远处就有几栋居民楼，门牌上还写着“布里渊小区”。

“布里渊小区？”物理君心想，“这小区的名字倒是还挺物理的，不过没时间多想了，现在找到穿越回去的办法才是正经事。”物理君三步并作两步冲进布里渊小区。“哎，等等我！”薛小猫也赶忙追了上去。

刚进小区，物理君就看到一个小朋友在玩耍，于是过去拍了一下小朋友的肩膀，问道：“小朋友，你知道怎么去悟理学院吗？”小朋友疑惑地摇了摇头，反问道：“大哥哥，你的手明明是湿的，为什么拍在我身上却是热乎乎的呢？”

物理君愣了一下，原来刚才跑得太急，手上出了好多汗。还没回过神来，薛小猫的声音就打断了他的思绪：“这个世界有个不成文的规定，在每个地点要回答够一定数量的问题才能打通去往下个地点的道路，我知道你很着急，但要想回去，还是得有耐心呀！”

物理君这才冷静下来，仔细一想：我穿越过来的时候是深夜，现在却是白天，说不定这个世界的时间和现实世界并不相通，那我不如索性暂时脱离科研生活，在这个世界里好好探索一下。

“这个问题我会……”还没等物理君说完，小朋友就抢着回应：“太好了，终于碰到了一个可以帮我解答问题的人。我有个笔记本，上面记载了好多我和同学们想知道的问题，大哥哥可以帮我们解答吗？”

看到小朋友对物理这么感兴趣，物理君也放松下来：“好呀，让我来看看都是些什么问题吧！”

01. 为什么湿手捂在衣服上会觉得热乎乎的?

有时候我们洗完手，用毛巾擦手或把湿手捂在衣服上的时候会有热乎乎的感觉。

由于衣物或毛巾的温度一般高于洗手时的水温，所以当我们用它们擦手时就会有热乎乎的感觉。手湿着的时候，水分蒸发会带走热量，因此相比手上不沾水的时候会感觉凉一点。而当湿手捂在衣服上时，局部空气流通速率下降，导致蒸发速率下降，水蒸气不会马上被带走，从手上失去的热量相对于不捂毛巾或衣物时少，感觉就是热乎乎的了。

02. 为什么有的干毛巾不吸水，但只要湿润一点之后就很吸水了?

我们先来明确为什么一般用湿毛巾吸水。湿毛巾里分布着很多纤维，而纤维网络形成的孔隙就相当于许许多多的毛细管。对于纤维来说，水是一种浸润液体，也就是说水分子之间表现为斥力，水和纤维的接触面（又叫附着层）具有扩散的趋势，加上纤维非常细，水就会在毛细管中不断升高，因此当湿毛巾中的毛细管大部分未被填满时，湿毛巾就很容易吸水。

那为何同样拥有大量毛细管的干毛巾，对水却没有这么大的吸力呢？这是由于水的另外一个性质：表面张力。其实水的表面张力在生活中随处可见，比如蜉蝣仿佛浮在一层水膜上，再比如加了肥皂的水更容易吹出泡泡，这些现象和液体的表面张力有关。对于干毛巾和即将接触的水来说，在表面张力的作用下两者间容易形成界面，从而阻止水的渗入。湿毛巾本来就有水的存在，这些水的存在抑制了界面的形成，因此比干毛巾更容易吸水。

03. 彻底拧干毛巾需要多大的力?

很遗憾，毛巾是无法被彻底“拧”干的。毛巾主要由脱脂纯棉制成，主要成分是纤维素，而纤维素中有大量亲水性的羟基，水分子会在氢键的作用下与纤维素结合形成结合水，同时由于水的表面张力，毛巾中的缝隙也因毛细现象而可以大量储存水分，这是毛巾吸水的主要原因。将毛巾缝隙中的水分拧出来时，仍然会有部分水分以结合水的形式储存于毛巾中，可以通过晒太阳去除这一部分水。

如果一定要通过手拧的方式尽可能地达到理想的效果，就需要参考1200转/分的洗衣机脱水功能。假设滚筒半径0.2m，毛巾平均质量为500g，我们通过“甩”的方式需要维持约1579N的力，利用此力大约可以举起161kg的物体（接近69kg级抓举举重的世界纪录水平……）。而且，这是“甩”不是“拧”，“甩”的时候水分子受到的附着力不足以提供圆心运动的向心力而脱离毛巾，“拧”并不会直接作用到水分上，此时水仍可以通过黏滞力吸附在毛巾上，也就是说，即便我们使出了举重世界纪录水平的力气去拧一块毛巾，也不可能把它拧到像洗衣机脱水过的那样干。

04.为什么牙膏不管怎么捏，挤出来的条纹形状总不变呢？

如果将牙膏切片，其解剖图是这个样子的：

牙膏的主要成分是摩擦剂，根据添加剂的不同分为不同的彩色块。牙膏是一种很典型的宾汉流体，是非牛顿流体的一种，通常是一种黏塑

性材料，在低应力情况下，表现出一定刚性，高应力下，会像黏性流体一样流动。通俗来说，牙膏在不受挤压的情况下，表现得像个铮铮硬汉（固体），受到高强度挤压，就会柔弱似水（流体一样流动）。当牙膏像流体一样流动时，其遵循流体力学中的定律，流动状态受雷诺数支配：黏性越大，雷诺数越小，其流动状态为层流状，液体之间相互平行流动。黏性越小，雷诺数越大，流动会发生湍流，即相互混合。调节牙膏不同色条材料之间的雷诺数，可以使之仅发生层流现象而不相互混合。当然，当牙膏混入水之后，其黏性降低，色条之间就会相互混合了。

05. 为什么牙膏滴到潮湿的地板上，地板上靠近牙膏的水会扩散开？

我们需要先了解一下接触角的概念。问题所描述的情形可以用下图简单表示，在这样一个气、液、固三相交界的体系中，有三种界面张力在相互作用，σ 表示不同界面间的表面张力系数。

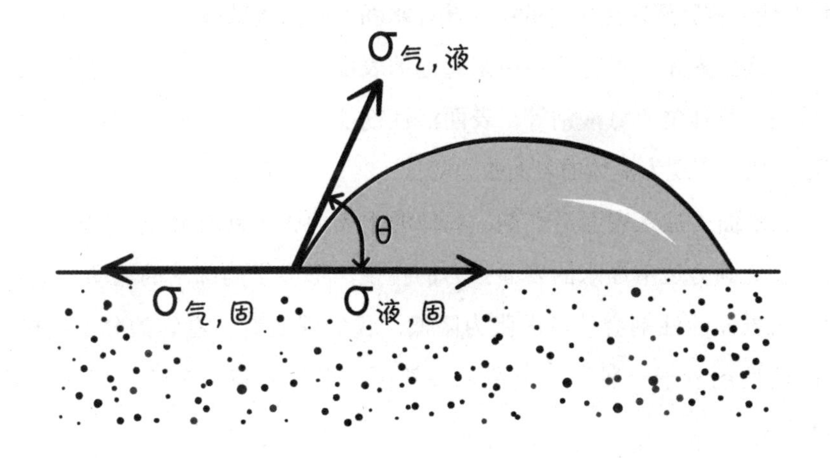

“气-液-固”界面张力示意图

不难理解，$\sigma_{气,固}$倾向于使液滴铺展开，$\sigma_{液,固}$倾向于使液滴收缩，在图示润湿（$\theta<90°$）的情况下，$\sigma_{气,液}$倾向于使液滴收缩。接触角被定义为$\sigma_{液,固}$和$\sigma_{气,液}$之间的夹角。简单的力学分析可得：

$$\cos\theta=\frac{\sigma_{气,固}-\sigma_{液,固}}{\sigma_{气,液}}$$

我们日常用的牙膏一般都含有表面活性剂。表面活性剂进入水中会迅速聚集于界面，亲水基指向水相，疏水基指向气相，使表面张力急剧下降并趋于恒定。

回到问题本身，在牙膏沫周围的水中，由于表面活性剂的加入，其表面张力减小，根据前面关于接触角的分析，其收缩作用减弱，更倾向于在固体表面铺展开来，即接触角θ减小，所以看上去比远离牙膏沫的水面要更低凹。

06. 为什么刷完牙之后牙膏的小泡沫在水面上向四周散开？

这是因为牙膏里有一种用来起泡的表面活性剂，一般来讲是十二醇硫酸钠、月桂酰肌氨酸钠等。表面活性剂能使溶液体系的界面状态发生明显变化，表现为液体的表面张力降低。

在水面上加入表面活性剂，局部的水表面张力就会降低，同时这些水还会受到旁边干净水的表面张力的拉拽，形成了局部水的流动。至于为什么表面活性剂会使表面张力降低，我们就要看一看它的分子结构：表面活性剂分子一般有一个亲水头部（亲水基）和一个疏水尾部（亲油基）。

顾名思义，亲水头部喜欢和水结合在一起，而疏水尾部不喜欢，表面活性剂分散在水面上就像后图这样：

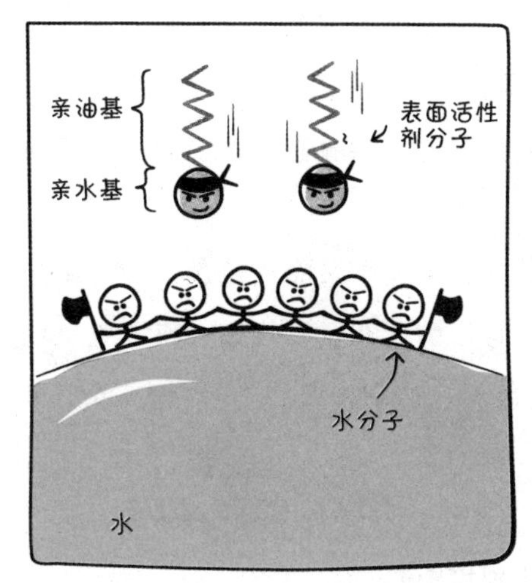

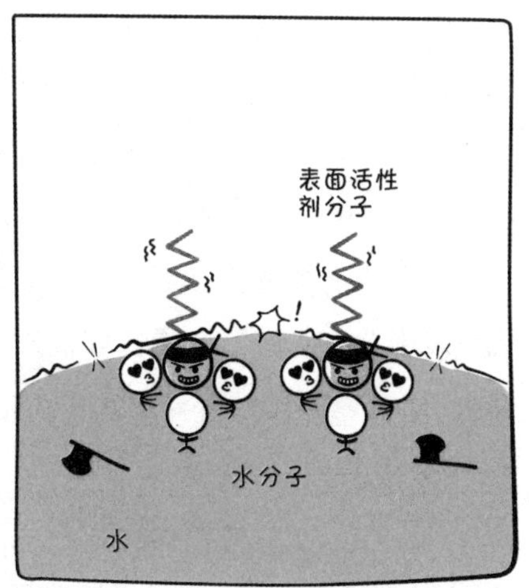

亲水头部和水结合，而疏水尾部被排斥向另外一方，暴露在空气中，这就阻碍了表面的水分子之间手拉手，导致了表面张力的下降，使得牙膏小泡沫周围的水向四面散开，这样就能理解表面浮着的小泡沫向水面四周跑的原因啦。

07.用沐浴露洗完澡身上会滑滑的，用香皂就不会，真的是沐浴露洗不干净吗?

其实用有的沐浴露洗完澡身上也不会觉得滑滑的，这主要和不同的沐浴露所含的成分有关。香皂的主要成分是脂肪酸钠（比如硬脂酸钠），在水里溶解之后产生脂肪酸根，这是一种阴离子表面活性剂，含有烷基的那头亲油，带负电的那头亲水，这种两亲的特点使得它能够将皮肤表面上的油脂“拽脱”皮肤表面，随水流冲走。脂肪酸根有个缺点：容易和水中的钙、镁离子结合形成皂垢。残留在皮肤表面的皂垢就是用香皂洗完澡后皮肤干涩的原因。

而有些沐浴露含有的表面活性剂是两性型的，比如甜菜碱类（椰油酰胺丙基甜菜碱等），或者是阳离子型的，比如季铵盐类（十六烷基三甲基季铵溴化物等），这些表面活性剂不会和水中的钙、镁离子结合，因此也就不会形成皂垢。但是这些表面活性剂容易附着在皮肤表面，不容易冲走，所以就有一种滑溜、洗不干净的感觉。

也有沐浴露是含有皂基（也就是含有阴离子表面活性剂）的，比如成分表中含有脂肪酸（或者棕榈酸、月桂酸）和氢氧化钠（或者氢氧化钾），那就说明其中含有皂基，洗完也可以达到香皂的“干涩”（或“干爽”）效果。

08. 为什么肥皂等套上网状袋子后更容易打出泡沫？

回答这个问题首先需要知道泡沫是什么。泡沫在科学上的定义是气体分散在液体或固体中的一种分散体系。而题目中所说的泡沫则是空气分散在水中的一种分散体系，其中肥皂作为表面活性剂，可以让泡沫稳定存在一段时间。泡沫要产生，需要有空气和肥皂水的共同参与，因为网格袋子有很多小网格，上面存留了许多肥皂水，并且小网格之间有着大量的空气，这样使得肥皂水可以和空气三维立体接触，有利于产生大量泡沫。而直接在身上涂抹肥皂，肥皂水和空气相当于是二维接触，空气难以进入肥皂水中混合形成气-液分散体系，也就难产生泡沫了。

09. 可以直接挤出浓密泡泡的洗手液瓶子是什么原理？

首先，让我们回想一下小时候吹泡泡需要的几个条件：一要有泡泡水，二要有能蘸取泡泡水的环形工具，三要有鼓风（比如用嘴吹）。对着蘸有泡泡水的环形工具吹气，就能吹出泡泡了。而能挤出浓密泡泡的瓶子（起泡瓶）刚好满足这三个吹泡泡的条件。首先，起泡瓶中的液体是含有表面活性剂且比较稀的液体，而不是像沐浴露那样的黏稠乳液。我们知道，直接对沐浴露吹可是吹不出泡泡的，得将其稀释了才行。其次，不同于一般的乳液泵头和喷雾泵头，起泡瓶的泵头是泡沫泵头。泡沫泵头有两个重要的部件，分别是筛网和气室。筛网相当于吹泡泡时蘸取泡泡水的环形工具，气室相当于吹泡泡时的鼓风装置。在按压泵头之后松开的过程中，泵头上部形成低压区，将瓶内液体抽到泵头上部，同时将空气吸入气室中。按压时，气室压强增加，将空气和液体同时挤向筛网处（相当于向蘸有泡泡水的环形工具吹气），这样就能吹出泡泡了。筛网网眼越小，泡沫就越细腻。

10.为什么在水里打不出响指？

不知道题目问的是把手泡在水里打不出响指，还是刚洗完澡手湿的时候打不出响指……不过不管怎样，核心原因就是打响指其实是个“高精尖”的活儿，差一点都不行。很多人以为打响指的声音来自手指拍打手掌上的大鱼际肌肉，但其实更多的是来自无名指和小指与手掌构成的空腔共鸣。不信的话，小伙伴们可以把手指张开再打响指看看，是不是声音变得又小又闷了？假如把整个手泡在水里，空腔里面介质都变了，肯定就不可能产生之前一样清脆的响指声了。

另外，打响指对于中指的速度其实也有很高的要求。开始打响指时，中指和大拇指的摩擦力很大，但当中指运动到大拇指的第一个指节转折处的时候，因为角度变化，摩擦力迅速变小，从而中指快速加速，拍打大鱼际肌肉。整个过程发生的时间不过数毫秒，在那个瞬间，中指宛如博尔特附体。但如果手是湿的或者手泡在水里，摩擦力的变化没有那么大，中指的运动速度不够，就断然打不出清脆的响指了。

11.厕所里感应冲水的原理是什么？为什么有时候穿黑色衣服感应会迟钝呢？

厕所里的感应冲水与水龙头感应放水都是利用红外反射。在厕所中我们会发现闪着微微红光的小铁盒，这就是红外线发射器。不过这里的红光只是起到类似指示的作用，而红外线波长介于可见光与微波之间（760nm ～ 1mm），因此人眼是无法直接观察到红外线的。其实温度高于绝对零度的物体都会发出红外线，为避免干扰，发射器所发出的红外线是经过“调制”的，即带有特定振荡频率的脉冲信号。当有物体出现在感应器的有效感应区域时，红外线便会被反射，一部分调制过的红外线被反射回传感器内，被信号接收器接收后转换成电信号并解调，而后电信号经过三极管放大后发送给脉冲电磁阀，电磁阀按照指令打开水龙头放水。

感应冲水的完整过程关键在于红外线在感应区域的有效反射，根据物质的颜色原理，物质所表现出的颜色是物质吸收了相当一部分可见光之后被人眼所观察到的可见光，所以黑色的物质对可见光与可见光频率附近的电磁波有良好的吸收作用。因此，当我们穿黑色衣服时，传感器所发射的红外线更可能被吸收而非反射，所以传感器会感应迟钝或者没有反应。

12.为什么被子晒过后会变得蓬松，感觉更重?

晒被子是大家的一个日常行为，尤其是在阴雨、潮湿的天气过后，把被子拿出去晒一晒，不仅可以杀菌除螨，还能恢复保暖的性能，但是晒完被子之后，我们常会发现被子变得厚了、蓬松了，就像新买回来的一样。这是因为经过晾晒后被子中的棉花纤维之间存储了大量的温热空气，盖起来才蓬松柔软。通过晾晒，被子中空气含量增加，被褥中的棉花纤维舒展蓬松，能增加其弹性和保暖能力。被子接受紫外线的照射，可以除掉棉絮中的水分和病菌，减少感冒等流行性疾病的发生。这样既增加了被褥的使用寿命，又有利于人体健康。但是要注意，许多人喜欢晒完被子拍一拍，觉得既可以去掉灰尘又可使被子蓬松柔软，专家表示，这种方法并不科学。如果用力拍打棉絮，就会把温热的空气拍出棉絮，使蓬松度下降。或许是因为晒过的被子突然变得厚了，给你造成了错误的判断，使你感觉被子变重了，但其实被子还是那个被子，并没有变重。

13.超市里的斜面电梯是如何卡住购物车的?

细心的小伙伴一定会发现，手扶梯的梯面上布满了一道道凹槽，而在将购物车推到电梯上时会观察到购物车的轮子陷在凹槽中，感觉被卡住了。事实上也的确如此。如下图所示，车轮由橡胶制的外圈、内圈以及刹车块构成。外圈的轮胎宽度与电梯表面的凹槽宽度接近，当购物车推上电梯时，车轮外圈发生形变而嵌入电梯表面的凹槽，轮胎侧面和凹槽侧面间的摩擦力使得车轮无法向前运动。刹车块的作用是在车轮外圈磨损严重导致摩擦力减小或者无法侧面形成摩擦力时，避免轮胎整个陷入凹槽仍然可以行驶的情况：在车轮外圈接触凹槽底部时，刹车块先一步与梯面接触，提供摩擦力，使得购物车无法移动。

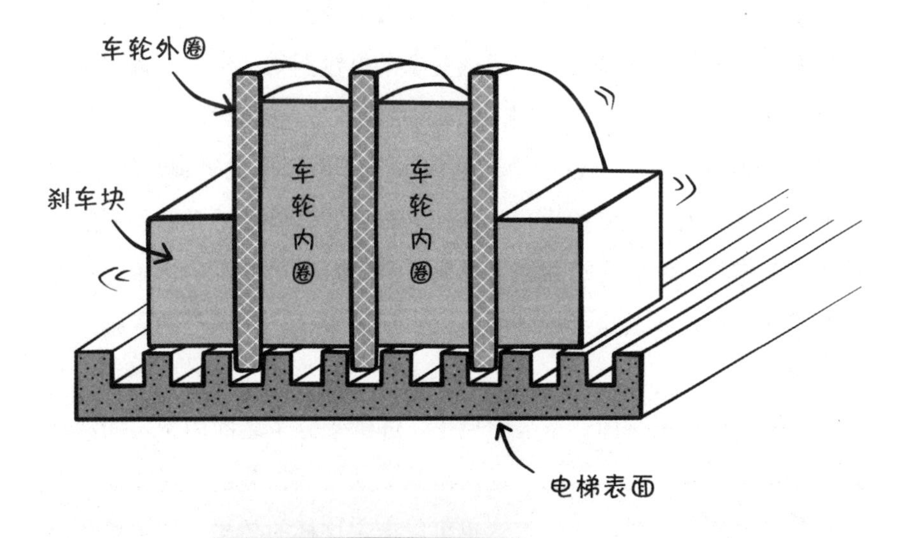

车轮及电梯面剖视图

在购物车被带动至电梯尽头时，由于自动扶梯表面和电梯出口处的挡板一般会形成一定夹角，同时也具有凹槽状条纹，可以使嵌入电梯凹槽的车轮逐渐抬升，脱离凹槽，恢复正常行驶。

14. 为什么湿了的纸会更容易被撕烂？

要解答这个问题，我们先要知道造纸的大致过程。纸张主要是由纤维（基本是植物纤维，其主要成分为纤维素）和其他固体颗粒物结合而成的多孔性网状材料。纤维素分子由于具有亲水性，能和水分子形成氢键，经过脱水处理（干燥）这一步，最终纤维素分子的羟基（-OH）之间的距离小到足以产生氢键，这就是造纸的过程。也就是说，纸张的强度来源于纤维素分子之间的氢键结合力。我们把纸弄湿，相当于破坏了纤维素分子羟基之间的氢键，增加了分子间距离，纸的强度自然就变低了！

15. 请问纸泡在水里晾干后为什么会变皱呢？在其他溶液中呢？

纸的主要成分是植物纤维，而纤维素分子上有大量的羟基，干燥的纸的强度主要来自羟基之间形成的复杂的氢键网络。纸之所以能够吸水也是由于羟基是一种亲水基团，纤维细胞吸收水后体积膨大的过程被称为纤维的润胀，在这个过程中羟基和水分子之间形成氢键，产生水桥，同时水分子进入纤维细胞内部，促使纤维比容（单位质量的物质所占有的容积）增大。润胀会造成两个结果：一是减弱了纤维的内聚力；二是使纤维细胞壁内各层微纤维之间产生了层间滑动，使硬挺的纤维变得柔软可塑。

如果不外加干预即让纸自然风干，纤维素分子之间由于层间滑动导致疏密不一，原有的紧密的氢键网络是无法自然恢复的，因此被水泡过的纸干了之后会变皱。其他溶液也可以产生这样的效果，这主要和溶液分子的极性有关。网上流传的将变皱的纸沾湿之后用字典压住，等其变干之后会变平整的说法是正确的，这类似于造纸过程中的打浆，即通过外加应力使纤维素分子之间更好地形成氢键连接。

16.为什么洒过饮料的地板会有黏糊糊的感觉?

这是因为大部分饮料里都含有很多糖类，这些糖类物质会增加水的黏度。饮料洒在地板上，开始水分子还比较多，糖类的浓度较小，因而不显得黏糊糊；但随着水的蒸发，糖的浓度逐渐上升，就变得黏糊糊了。

至于为什么糖溶解于水中会增加水的黏度，简单来说是因为“氢键”。液体的黏性来自液体分子之间的相互作用力，分子之间的相互作用越强，连接越紧密，液体就会越黏。由于氢键的存在，糖分子与大量其他水分子和糖分子连接在一起，从而使液体变得很黏。

不过一些人可能会问：水里也有很多氢键，为什么纯净水黏度较低？这是因为糖类分子通常较大。以饮料里常用的蔗糖为例，1个蔗糖分子含有12个碳原子、22个氢原子、11个氧原子，这些氢原子和氧原子都可能通过形成氢键的方式与水分子或其他蔗糖分子连接在一起，甚至两个分子之间会形成多个氢键，这种复杂的结构远比水分子（含有两个氢原子、一个氧原子）之间由氢键形成的基团要紧密。因此，虽然纯净水中也有很多氢键，但相对来说并没有糖水黏。

读者们可以尝试购买市面上的无糖饮料，这些饮料中使用了代糖来取代蔗糖、果糖等，因此相对来说整体的含糖量应该偏低一些，可以比较一下含糖饮料和无糖饮料洒在地板上哪个更黏。

17.保温杯保温效果的好坏与什么因素有关?

保温杯是从保温瓶发展而来的，其保温原理与保温瓶基本一致。1892年，化学家詹姆士·杜瓦制成双重玻璃容器，并将内侧玻璃壁涂上银，然后又抽掉了双重玻璃间的空气，还申请了专利，因此热水瓶也被称为杜瓦瓶。

保温杯，简单说就是能够保温的杯子，一般是由陶瓷或不锈钢加上真空保温层做成的盛水容器，顶部有盖，密封严实，真空保温层能使装在内部的水等液体延缓散热，实现保温。

热量主要以热对流、热传导、热辐射这三种方式进行传递，真空保温层中没有传递介质，因此有效抑制了热对流和热传导，同时真空层内层通过镀反热层的方法将热量反射回保温杯内部，实现保温。

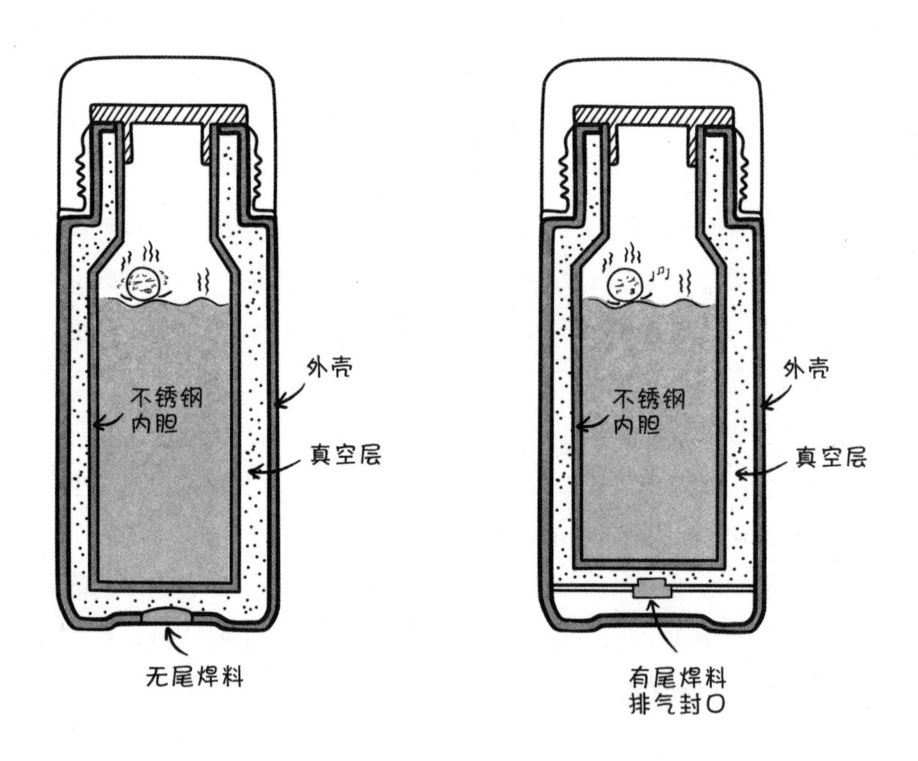

上图给出了常见的两种保温杯结构，无尾真空焊接技术的实现使得真空夹层漏气的概率减小，实现了更高效率的保温。同时真空保温杯一般配有树脂杯头，以达到良好的密封效果。

通过对保温原理的分析我们可以发现，保温杯主要利用真空以及镀层对热量的反射实现保温，不考虑瓶口的密封效果，影响保温效果的关键因素即为真空层的真空度和镀层的热量反射能力，这些因素主要由保温杯制造过程中的材料工艺决定。

18.为什么用湿手摸玻璃杯杯口会发出声音?

首先，声音是由物体振动产生的声波，是通过介质（空气或固体、液体）传播并能被人或动物的听觉器官所感知的波动现象。用湿手摸玻璃杯能够发出声音，一定是某种物质发生振动，然后通过介质传导，被我们感知到了。

仔细分析发现，不是只有在湿手摸玻璃杯时才会发出声音，其实大部分时候，我们用手去摸或者去摩擦某个物体的表面时一般都能听到声音，比如纸张、桌面或者衣服等。那为什么湿手摸玻璃杯的声音会让人特别注意到呢？是因为这种声音非常特别，在玻璃杯中加入不同体积的水甚至可以作为乐器来演奏。除此之外，还有的人能够根据听到的声音直接分辨出正在摩擦的物质是什么，比如衣服的材质是尼龙还是纤维，或者判断出你是在使劲摩擦还是轻轻抚摸。

下面我们来简单分析其中原理，当我们摸或者摩擦一个物体表面时，物体表面或者手与物体接触界面的分子发生振动。从模型上讲，这是一个阻尼振动模型，如下页图所示，具体对应哪种阻尼则与实际情景有关。

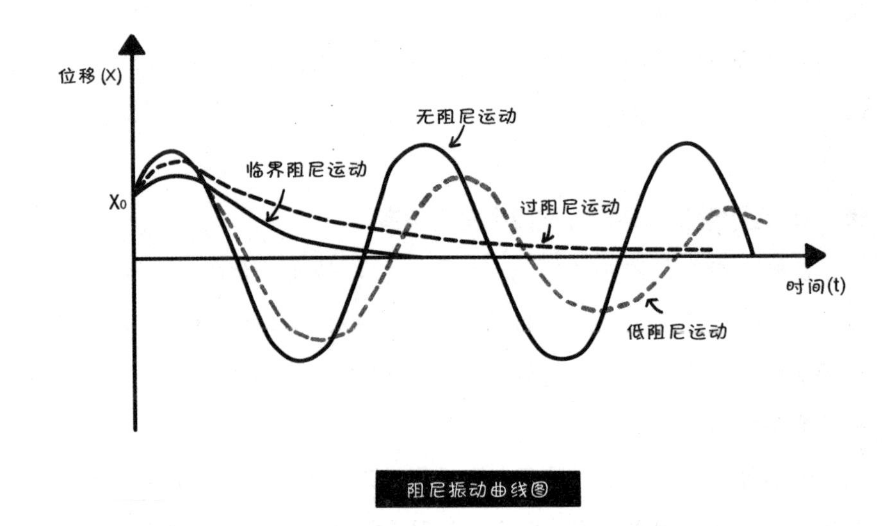

阻尼振动曲线图

阻尼振动中对应的振动频率与物质的固有频率和阻尼系数有关，振动幅度随时间指数衰减。介质将振动的相关信息（包括振幅和频率）以声音的形式传导给我们，使得我们能够根据音色（与频率相关）和响度（与振幅相关）来判断物质的种类或者感知到不同强弱的声音。

19.为什么空杯子或者花瓶放到耳边会有声音？

一句话概括，周围的白噪声在共振腔中集中放大了某些频率的声音。空杯子和耳朵之间形成了共振腔，外部的噪声通过共振腔在空气作用下集中放大了某些频率的声音（频率和共振腔的几何外形相关），相当于外部的噪声是这些声音的演奏者。因此，如果我们将外部白噪声和共振腔完全隔绝，阻止空气振动的传播，那么我们就听不到上述的声音了。尝试下站在嘈杂的大街和待在下雪天的家中，将空杯子凑在耳朵边，你就会发现后者听到的声音明显小了。这种现象的原理其实和管弦乐器的发声原理是一致的。

20. 用耳朵听保温瓶的声音来判断保温效果有科学根据吗？

将保温瓶开口对着耳朵听声音在一定程度上确实可以用来判断保温效果。保温瓶简单来说就是镀有反热层的内胆、真空层和外壳的三层结构，热量主要以热对流、热传导、热辐射这三种方式进行传递，而其中的真空保温层抑制了热对流和热传导，同时镀层可将热量反射回保温瓶内部，实现保温。因此，真空层和镀层的质量好坏一定程度上反映了保温瓶保温效果的好坏。当我们把保温瓶拿到耳边听的时候，一部分外界的声波会进入保温瓶内部，并在瓶胆内被反射，且无法透过高真空的玻璃夹层，因而可以听到“嗡嗡”声。所以，好的保温瓶声波一旦进去很难再出来，用耳朵在瓶口能听到不间断的“嗡嗡”回响声。如果没有回响声，证明保温瓶内胆已经破裂，不再保温了。镀层的光亮度越高，夹层里的真空度越高，听到的“嗡嗡”声就越大，则瓶胆的质量就越好。反之，听到的“嗡嗡”声越小，则瓶胆的质量越差。

21. 为什么倒水的时候有时水会沿着杯壁向下流？

这种现象称为茶壶效应。每当我们非常缓慢地将茶从茶壶里倒出来时，茶水总是容易顺着壶嘴、贴着壶壁，向下流到桌子上。这是一个很有趣的现象。有不少物理学家都研究过它，2010年《物理评论快报》（*PRL*）的一篇文章就对材料的润湿性与茶壶效应的关系进行了深入的研究。这篇文章指出了茶壶效应的三个影响因素，分别是流速、材料的润湿性和边缘的曲率。

生活中的经验告诉我们，流速对茶壶效应有比较大的影响，当水流速度逐渐减小的时候，水就会贴着壶壁流下。

而材料的润湿性（也就是亲水性和疏水性）则是这篇文章的关键点，如下页图所示，如果壶嘴是亲水材料［（a）和（a'）］，那么流速降低的时候，水就会顺着壶嘴、贴着壶壁向下流。如果壶嘴是疏水材料［（b）和

（b'），在壶嘴上熏了一层炭黑用于疏水］，可以发现就算流速很低，水也不会贴着壶壁下流，而是像断了线的珠子一样。

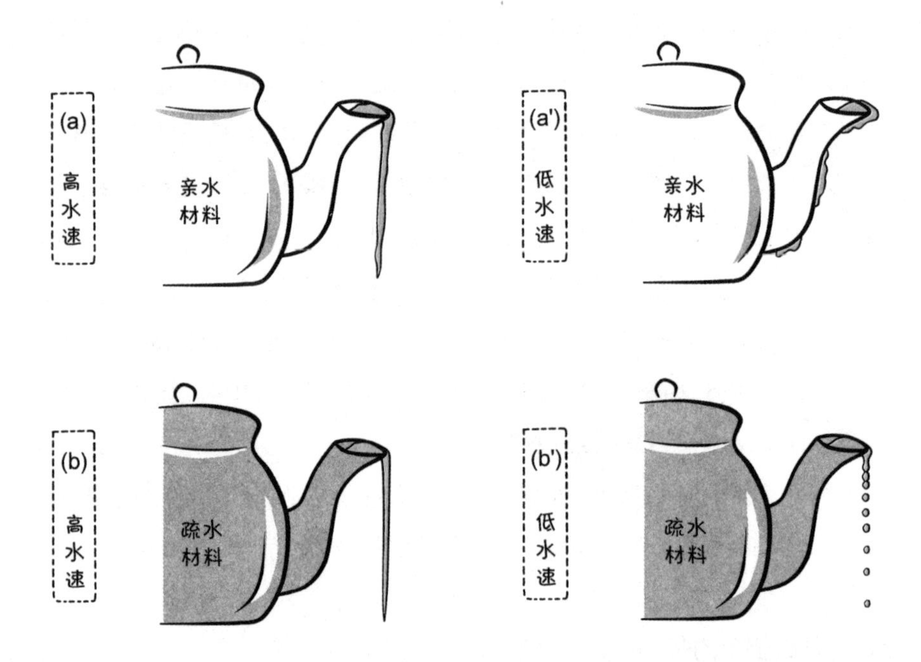

最后一个影响因素是壶嘴的曲率。结合生活经验就很好理解：壶嘴边缘越是圆润，就越容易出现贴着壶壁下流的现象；而茶壶边缘越是尖锐就越不容易出现茶壶效应。

22.为什么干燥时更易产生静电？

首先，当电荷聚集在某个物体上或表面时就形成了静电，也就是物体由于正负电荷不平衡而带电的现象，比如我们中学学过的摩擦起电等都会产生静电（当然，摩擦并不是产生静电的唯一条件）。其次，这种电荷聚集不会自动消除，需要一定的放电途径来转移电荷，从而平衡正负电。当我们触碰其他物体时，就形成了一个放电通道，电荷通过这个通道转移时的放电电压较高，但是能量很小。我们可以把这种放电称为火花放电。也就是说，静电有两个关键要素，一个是电荷聚集，一个是放电。

那么，空气的干燥程度是如何影响上述两个关键要素的呢？第一，空气的干燥程度会影响体表和空气的导电能力，干燥的空气水蒸气含量低，导电能力差，使得体表的电荷不容易被导走而发生电荷聚集；第二，空气的干燥程度会影响电荷的不平衡分布，当空气湿度较高时，空气中的水蒸气附着在人体和其他物体表面，能一定程度上减弱由于摩擦或其他方式导致的电荷聚集，从而减少静电现象。

23.中学时老师讲“固体传声效果比气体好”，为何在实际生活中，坐在房间内，听外面声音很吵，关上窗户声音会小很多？这难道不是违背了“固体传声效果比气体好”这句话吗？

这两者是不矛盾的。声音是由物体振动产生的，声源的振动先在其附近介质产生扰动，后者又推动它邻近的介质，这个过程不断重复，最终形成声波，因此介质越是致密，声音传播得越快。如果你想让声音传播到很远的地方，固体是很好的传播介质。而生活中关上窗户可以让声音变小，则是考虑了声音在传播过程中遇到不同介质的界面会发生能量的耗散，部分声波会在界面反射带走能量，只有一部分声波可以穿过不同介质的界面继续传播。换言之，介质的变化会导致声波所携带的能量减少。这也可以解释为什么声音在从气体传到传声效果更好的固体后，音量反而变小了。

24.用指甲刀剪指甲的时候指甲为什么会乱飞？如何避免？

我们的指甲一般都是有一定弧度的，但是仔细看一下指甲刀，虽然刀头的形状是弯的，方便我们修剪指甲的形状，但两个刀头的前端还是处于一个平面的。所以在剪指甲时，有一定弯曲度的指甲会被压平，当指甲被完全剪断的一瞬间，它恢复原来的形状就会弹起来，然后撞到指甲刀的连接轴或其他位置就会到处乱飞。如果不想被乱飞的指甲“封印”在垃圾桶旁，可以在洗完澡指甲比较软的时候一点点剪，这样指甲就不太会被弹飞；也可以在指甲刀刀头的两侧贴上透明胶或用其他东西挡住，指甲没了出路，只能乖乖地在指甲刀里待着。等指甲剪完了再撕掉透明胶或用来挡指甲的东西，就能一次把指甲全都扔在一起，不用跑来跑去收集乱飞的指甲了。

脑洞时刻

01.脚在沙发上摩擦就会觉得很暖和，那南极的企鹅用它的脚在冰面上摩擦也会觉得暖和吗？

脚和沙发在摩擦的过程中，体内的细胞们努力工作使你的腿动起来，并加剧了沙发和脚上的各种分子的热运动，内能增加，表现在皮肤上的感受就是温度升高，因此我们感到温暖。企鹅们用脚摩擦冰面，虽然也会将自己体内的能量转化为热能，导致温度有一定的升高，但在南极这样恶劣的环境下，企鹅们让自己感到温暖可不是靠摩擦冰面。首先，它们最外层的羽毛向外辐射的热量大于其吸收的热量，导致它们身体表面的温度低于环境温度，但企鹅的身体上覆盖的脂肪和羽毛可以减缓从皮肤表面流失热量，保持体温。其次，脚上没有羽毛覆盖的企鹅们进化出了特别的血液循环系统，使得脚部的血液温度较低，从而减小和环境的温差并减少散热，同时还要保证温度始终维持在冰点以上，进而保护自己的脚不被冻伤。

02.我住在几楼蚊子才会少一些呢？真的是越高越好吗？

一到夏天，蚊虫大军就开始蠢蠢欲动了。为了防蚊大家可谓什么招都用了，但蚊子依旧生命力顽强。那么，住高一点蚊子总飞不上去了吧？但事实是，高层住户也依然被蚊虫问题困扰。因为蚊子除了靠自己的力量飞上高层，还会采取一些繁衍策略并借助外力，使自身的生存空间不断扩大。借助风力，蚊子甚至可以飞到几百米的高度，然后在高层繁衍；或者蹭个电梯，走快捷通道到达高层，它们的下一代就可以飞到更高的空间。所以按正常楼层高度来说，即使住顶层也难逃蚊子的摧残。不过，住在高楼层，只要注意保持房间卫生，肯定比周边种满花花草草的低楼层蚊子更少。但是如果小区里种的都是猪笼草之类的食虫植物，那么蚊子随楼层高度分布的情况说不定就会反过来了。

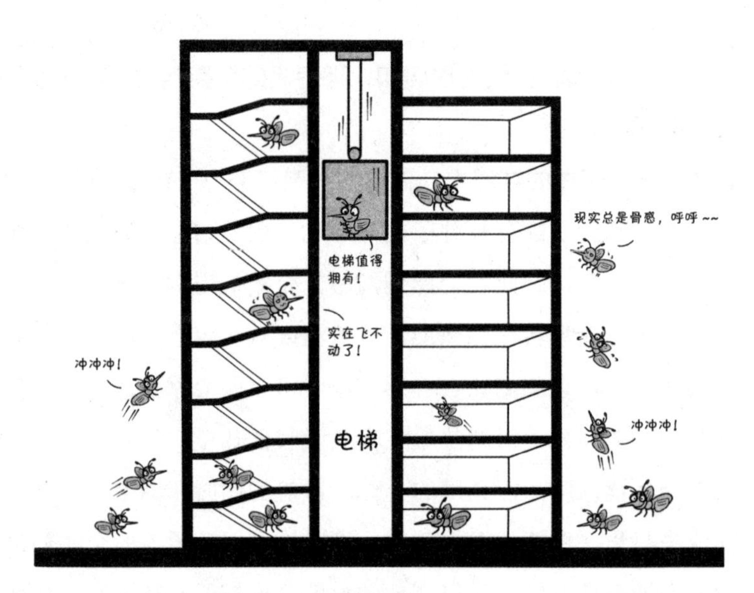

03.灯泡为什么呈梨形?

呈梨形的灯泡一般是传统的钨丝灯泡。这种灯在工作时灯丝温度很

高，金属钨会在高温下升华，附着在灯泡内壁上，因此将灯泡做成梨形，并充入少量惰性气体，使升华的钨随着气体对流被卷到上方，附着在灯泡的颈部，便可保持玻璃透明，使灯泡亮度不受太大影响。而且，由于早期玻璃是吹制成的，从工艺上来说，这种形状不仅易于吹制，也比较节省原材料。另外，梨形的表面有一定曲率，可以增加强度，承受较大的压力。

04. 为什么人无法穿墙？

在经典物理中，人之所以无法穿墙是因为墙体会给人一个巨大的推力阻碍人的运动。更专业的说法是，墙形成的势垒大于人的动能，因此，人无法穿墙。但是，在量子物理中存在量子隧穿，也就是说，即便是面对高于动能的势垒，一个粒子也有一定的概率穿过势垒而不是像经典情形中那样被完全反弹回来。但这是对单个粒子来说的，人是由超多粒子通过极其复杂的相互作用组成的，我们不能把单粒子情形中的结论直接拿来用，原则上我们也可以通过解薛定谔方程来计算人穿墙的概率，但显然目前还没有人能做到这一点。不过，根据我们的经验，即使能做到人穿墙，概率也是极其小的，毕竟没有人在实验中做到这一点。

05. 怎样的房屋结构可以实现“绕梁三日”？或者说“回音”可以维持多久？能否利用回音来长时间储存声音？

“绕梁三日”本意是用来形容音乐高昂激荡，虽过了很长时间，好像仍在回响。从物理上来看，这其实就是产生了回音和混响，其本质都是声音的反射，当然，“三日”在这里有文学夸张的成分。

回音主要是由于发出的声音在遇到障碍物后被反射，且与原声的时间差大于人耳的分辨率（200m/s），按声速为340m/s计算，我们与障碍物的距离至少是34m。除了距离的要求外，对于障碍物的材质和安装方式也有要求，毕竟声音要能反射回来我们才能听到，所以在建筑中如果想要听到回音，建筑物的材质就不能采用吸声系数太高的材料。一般来说，这类材料有几个特点：多孔、表面粗糙、厚度较大、空腔安装等，剧院和大礼堂的墙做成凹凸不平的样子就是为了减少回音的产生。如果需要吸声系数较低的材料，则要求表面光滑、密度高、平齐安装等。另外，产生回音要有足够的声压级差，即某个反射声的声压级必须比其他反射声的声压级大，否则这个反射声将被其他反射声所湮灭，难以分辨。

除了回音，混响也在“余音绕梁”里起到一定的作用。混响是在声源停止发声之后，声音在空间内多次反射形成的。不过这里反射声与原声的时间差比回音要短，所以给我们的感觉不是听到两个声音而是听到尾音拖长的声音，然后再减弱直至消失。在不同的建筑中我们会根据实际需要的不同来选择不同的混响时间。所以用吸声系数低的材料，保证表面光滑、安装整齐且房屋面积足够大就能听到回音了。

声音在不断的反射和传播过程中，声波能量向四周逐渐扩散开来，能量的扩散使得单位面积上所存在的能量减小，导致声音变得微弱；还有反射时反射介质的吸收，传播过程中由于介质中存在颗粒状结构（如液体中的悬浮粒子、气泡，固体中的颗粒状结构、缺陷、掺杂物等）而导致的声波的散射都会使声波衰减甚至消失，所以上述这些因素的综合作用决定了回音维持的时间。根据前面的描述我们也可以知道，利用回音来储存声音其实并不容易，扩散衰减、吸收衰减和散射衰减都对储存声音非常不利，所以利用回音长时间储存声音的想法很好，但是操作起来难度较高。

笔记本终于快翻到最后一页，物理君也没想到小朋友居然能在家里发现这么多问题，看来埋头科研的自己真的忽略了不少生活中的物理知识。莫非自己穿越到这个世界是有什么使命?

正想着，小朋友又拉拉物理君的衣角：“大哥哥，我还有最后三个问题，解答完这几个问题，你就骑上我的自行车到前面的美拉德广场去问问吧，那里可能有人知道悟理学院怎么走。”“太好了，快问吧！”物理君既有点回答上瘾，又有点盼着快点到达悟理学院找到回去原来世界的方法。

解锁交通工具——自行车

01. 为什么轮胎大多都是内附尼龙网的空心橡胶，而不做成实心的?

轮胎的主要材质都是橡胶，但因用途不同，其中作为支撑的内部材料也不同。我们生活中常见的轮胎，比如自行车、摩托车以及小轿车的轮胎，对承重要求较小，用尼龙是可以的；但是对于工程机械或者飞机等，其轮胎内则用钢丝帘作为支撑。另外，轮胎中常用的支撑材料还有棉线、人造丝等。

其实轮胎在最开始是实心的，1845年英国人汤姆生发明了充气轮胎，四十多年后的1888年，英国兽医邓禄普用充气空心胎减震，效果良好，充气轮胎才开始普及，因此充气胎的主要功用是减震。当然回过头来看，充气轮胎相比实心轮胎除了减震效果好的优势以外，还具有重量较轻，易于更换，受到地面的阻力小，与地面接触面积大等优势。

02. 下雨天骑自行车，为什么有些水往前甩，有些水往后甩?

雨天骑自行车，水会被车轮的旋转从地面带起来，继而由于惯性脱离轮胎表面被甩到空中。向前或向后甩，则取决于水滴脱离轮胎表面的位置和角度。

不同位置的水甩的角度不同，但是总是沿着车轮切线的方向。不难看出，在水刚离开地面时，水被往后甩，在后半圈则被往前甩。这就是水被甩方向不同的原因。

03.车轮可以是三角形吗？

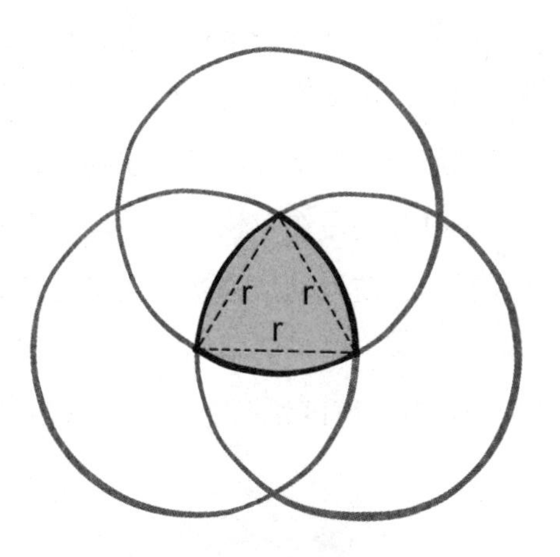

莱洛三角形

为了解答这个问题，我们先在这里引入一种特殊的三角形——莱洛三角形。三个等半径的圆互相通过彼此的圆心，重合部分即为莱洛三角形（或者分别以等边三角形的三个顶点为圆心，边长为半径作三段圆弧，围起来的图形就是我们圆滚滚的莱洛小三角了）。

这样的三角形有一个很特别的地方，它的每一对平行切线间的距离都是一样的。这一点和圆形是一样的，也就是说它们在各个方向上的宽度是一样的，因而像这样的图形也被称为等宽曲线（当然，除了圆形和莱洛三角形之外还有很多其他形状的等宽曲线）。人们可以利用莱洛三角形等宽的特点来运输物品。

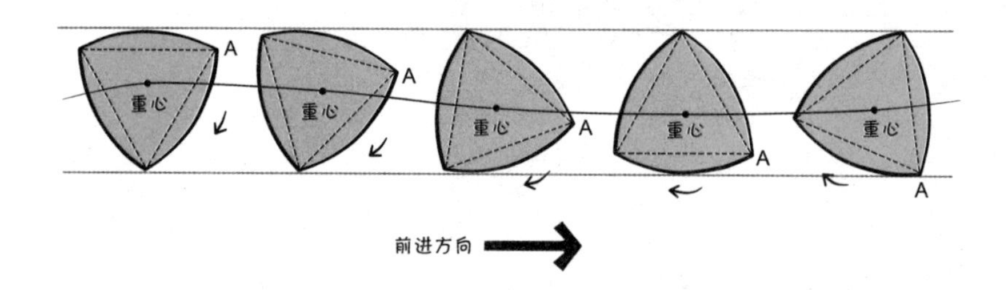

这样看来，似乎用莱洛三角形做车轮也没有那么颠屁股。实践是检验真理的唯一标准，那么，用莱洛三角形做车轮的自行车骑起来感觉如何呢？答案是费劲且颠簸。虽然将一块木板放到莱洛三角形上确实可以做到平稳运输，但骑车时并不是在车轮上放一块木板这样往前走，而是需要车轮绕轴转动使得车往前运动，这就导致将等宽的莱洛三角形设计成车轮时会产生颠簸。莱洛三角形的轴心在运动过程中并不是固定在一定高度的，因此会产生颠簸，所以并不适合作为车轮。

饮食里的物理

（美拉德广场）

物理君没骑多远就闻到了从美食广场散发出来的香味，摸了摸肚子，已经饿瘪了，薛小猫也无精打采地趴在物理君的肩上喵喵叫着。“看来你也饿了。”“喵呜——”物理君加快了蹬自行车的脚步。

到了美拉德广场门口，陶醉在美食香气里的物理君开始神神道道地对薛小猫念叨：“蒜黄素，这是蒜泥的味道；辣椒素，这是小炒黄牛肉的味道……看来今天可以饱餐一顿啦！出发！”

物理君正想拍拍肩膀上的薛小猫，却摸了个空。“咦！猫呢？”回头一看，薛小猫不知道什么时候不见了。物理君正疑惑着，突然听见一声怒喝：“快来人啦！抓小偷！”随后薛小猫就从美食广场里蹿了出来，嘴里还叼着一根明晃晃的糖葫芦。它两步跃上了物理君头顶，悠闲地舔了起来。

物理君还没反应过来，迎面追来一位鹤发童颜的老爷爷：“呔！那小贼！是你偷了我的糖葫芦吗？我宋老三纵横美拉德广场几十年，第一次被人偷了糖葫芦！你说，怎么办！”

物理君急忙回答：“不是我偷的！是这只猫偷的！”

“那就是你教唆这只猫偷的！你说说怎么办！”

物理君百口莫辩，即使想赔人家，兜里也没有钱，看他这个样子，老爷爷开口了：“小伙子，我看你骨骼清奇，不像是偷偷摸摸之人，这样，我有几个问题，困扰了我好久，也不知道有生之年还能否得到答案。你要是能够答上来，今天这事就算了了；要是答不上来，你就得接我的班，卖糖葫芦，直到有人答上来为止。”

01.为什么烧水不会溢出来，煮粥就容易溢出来？

煮粥和烧水一样，都会出现水的沸腾现象。所谓沸腾，就是指液体受热超过其饱和温度时，在液体内部和表面同时发生剧烈汽化的现象。烧水的时候，靠近容器底部的水会发生汽化，产生水蒸气。这些水蒸气会形成小气泡并附着在容器底部的汽化位点上，随着更多的水蒸气进入小气泡，小气泡会越变越大，然后上浮，浮出水面的气泡发生破裂，这就是我们所看到的烧水发生的冒泡现象。

煮粥的过程中，也会有类似的现象。但是由于粥比单纯的水更黏稠，表面张力大，抑制了气泡的上浮和破裂，因此气泡就会聚集在一起，一同向上顶，从而发生溢出的现象。

02.为什么人们常说“开水不响，响水不开”？

在加热一壶水的过程中，水的受热是不均匀的，越靠近壶底（假设底部受热）的水加热得越快。此时水中的温度也是不均匀的，当底部水温达到汽化温度（烧开了）时，其他地方仍未达到此温度（没烧开）。水壶底部产生的气泡受到浮力的作用上浮，在上浮过程中与没烧开的水接触发生热传递后，气泡中的温度会降低，进而导致气泡内部的气压也大幅度减小。虽说随着气泡上浮，气泡外部的压强（水压）也会变小，但是外部压强的变化远不如内部压强变化剧烈。气泡内部的气压大幅减小，气泡就会由于压强差而缩小或者破裂，在水中产生剧烈振荡，这就是我们所说的“响水不开”。对水继续加热，直到整体水温均达到沸点，此时水中的气泡不会因为受冷而收缩，相反，气泡在上升过程中外部压力减小，会发生膨胀并迅速上浮，没有明显的振荡现象，即所谓的“开水不响”。

03.为什么蒸鸡蛋有时会有小孔？

小孔是鸡蛋液中的气泡形成的。蒸鸡蛋之前，需要把蛋液搅打均匀，搅拌之后蛋液表面会有一层浮沫，这就是气泡。将它们用勺子舀掉可以让蒸鸡蛋更平滑。如果要求更高，搅拌蛋液时就要注意使用熟水代替生水，因为熟水空气含量更少，否则蒸蛋过程中高温会使生水中空气的溶解度降低，空气跑出来后便会在蒸蛋内留下小孔。搅拌时按同一个方向搅，也是为了减少气泡；除了舀走浮沫，还可以给蛋液过筛，滤走蛋液内气泡，静置一小会儿再上锅蒸。

04. 稀释麻酱时刚开始加水搅拌会越来越黏稠，再加点水搅拌就变稀了，这是为什么？

2017年有一篇论文讨论过麻酱中的科学问题。主要的研究方法是将麻酱和不同比例的水混合，再测量它们的流变参数。下面引用文章中的一张图来解释这个问题。

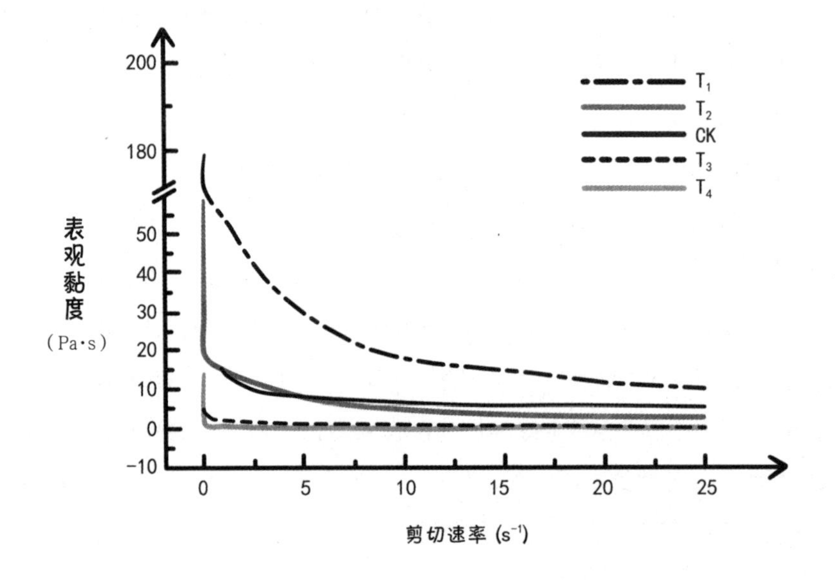

不同水量下麻酱的剪切速率和表观黏度之间的关系如图所示。横轴是剪切速率，越大对应搅拌越快，纵轴是表观黏度，越大对应黏度越高。

其中麻酱质量（g）与水体积（mL）的比例分别为1:0.75（T_1），1:1（T_2），1:1.25（T_3），1:1.5（T_4），CK为不添加水的麻酱。

从图中可以看出，随着搅拌速度的增加，麻酱的黏度逐渐降低。这说明麻酱是一种非牛顿流体，更准确地说是一种假塑性流体，具有剪切稀化的特点。同是非牛顿流体，不同水量下，麻酱的性质也略微不同。比如T_1的表观黏度一直大于CK，这就是问题中所说的：倒了一点水后搅拌会越来越黏稠。如果水再多加一些，就会发现，T_2的表观黏度在低速的时候比CK大，在高速的时候却比CK小；如果加的水更多，T_3、T_4的表观黏度一直比CK小。这就是问题中所说的“再加点水搅拌就变稀了”。

05.蒸包子到底是上屉先熟还是下屉先熟?

对于“蒸包子到底是上屉先熟还是下屉先熟”这个问题有很多说法，众说纷纭。2004年有人通过实验证明：下屉先熟。

这是一个6层蒸笼的实验结果，对最上层和最下层进行测温如下表：

时间 /min	0	1	2	3	4	5	6	7	8
上层温度 /℃	18	18	19	38	68	97	100	100	100
下层温度 /℃	18	78	98	100	100	100	100	100	100

其中的原理也是直观的：水蒸气不断地从底层向上输运，所以底部先热起来。有些观点认为水蒸气会跑到顶部聚集起来从而使得顶部的温度高于底部，这是有问题的。水蒸气并不是静止、有限的，而是源源不断地从蒸笼的底部补充。所以在蒸包子过程中，底部最先达到100℃，而蒸了一段时间之后，蒸笼内的所有包子都会被加热到约100℃，不存在只加热上层而不加热下层的情况。

06.为什么在油炸食物时食物的外表会变成金黄色呢？为什么变成金黄色就代表食物熟了呢？

油炸食物时，在长时间的高温烹饪过程中会发生一系列化学反应。食物原料中游离的或组成淀粉的糖分子可以发生焦糖化反应：在加热温度超过它的熔点时脱水或降解，进一步缩合生成黑褐色产物。糖也可能和氨基酸发生相互作用，最终生成数百种颜色和风味极为复杂的化合物，这一过程被称为美拉德反应。这两种褐变反应都可以为食物带来金黄色的外观与复杂的香气。

一般油炸肉类，下锅前会沾一层干面包或面糊，这层薄层可以避免肉的表面直接接触到油脂，同时面糊快速脱水形成好吃的脆皮，当肉没炸熟时会流出汁液，脆皮潮软，需要炸到油脂中不出现气泡才能出锅。将食物炸至金黄色则是考虑到加热足够时间，又不至于过度油炸产生致癌物质。

07.为什么锅里有未沥干的水时，用锅烧油水会爆溅？为什么加盐可以避免爆溅？

炒菜过程中，经常会有油水飞溅。一种情况是，当锅里的油烧热以后，向锅中放入含水分的蔬菜时，会发生飞溅。此过程中，由于油的沸点高于水的沸点，锅中的热油温度远高于水的沸点，当少量水分突然滴入油的高温环境时，水分迅速汽化产生水蒸气进而形成气泡，气泡膨胀导致油水飞溅。

还有一种情况是，当锅里水未沥干时，在加热油的过程中时不时会发生飞溅，这种情况与第一种情况略有不同。锅底未沥干的水分在油加热的过程中，部分液滴由于缺少汽化核无法形成气泡并在较低温度时溢出，形成了不稳定的过热液体。在油达到沸点沸腾时，由于外界环境的剧烈变化，过热液体快速汽化引起飞溅，这个过程类似于液体的暴沸现象。在油中加入盐的作用和沸石的作用几乎相同，盐不溶于油，作为杂质提供了汽化核，使得水分在较低温度下形成气泡逸出，防止其形成过热液体并在油沸腾时造成飞溅。如果仅仅为了防止油的飞溅，建议在刚开始加热时就放入少许盐，而不是当油烧热以后再加入盐，那就不能起到防止飞溅的作用了。

08.为什么白糖在锅里用油翻炒后会变色？

白糖在热油中随高温熔化，颜色也随时间的推移而逐渐变深褐色，其中主要的原因是焦糖化反应。虽然在我们的眼中，白糖在高温下逐渐熔化，但事实上，在这里热量的传导并没有导致糖的相变，而是把它分解成新的东西——焦糖。白糖在高温下（难以确定，有的仅仅在165℃，有的则需180℃）逐步脱水，从固态转化为液态，但是它不会像水那样蒸发成气态，而是产生脱水聚合产物——焦糖，以及部分分解产物（主要是醛酮类化合物），一些分解产物进一步缩合聚合也会形成一些深色物质。最后这两类产物的混合物共同促成了糖色的最终形成。典型的焦糖化反应，通常一开始会形成浓稠的糖浆，然后慢慢变成浅黄色，再逐步变成黑褐色。这些糖一开始尝起来是甜的，然后慢慢出现酸味和一些苦味，并散发出丰富的香气。糖烧煮的时间越久，残留的甜味越少，颜色越深，味道也越苦。

09. 为什么用微波炉加热馒头，刚出来很软但是过了几分钟就会变硬？

面粉变成馒头是淀粉糊化，冷藏以后馒头会变硬是因为糊化的面粉老化，用微波炉加热馒头是复热过程。

微波是一种电磁波，可以穿透食物几厘米甚至更深，并使食物中的水分子随之运动，剧烈的运动产生大量的热能。当我们把馒头放入微波炉时，随着加热的进行，馒头的淀粉逐渐糊化，此时的馒头开始变软。当我们持续加热，温度继续升高时，水分子运动加速，水分散失速度加快，直至大部分水分被蒸发出去。当我们将加热好的馒头拿出来时，可以看到馒头还是松软的。但因为在加热的过程中，馒头内部的水分子加速运动，水分大量蒸发，所以静置几分钟后，馒头内部会快速变皱、变硬。不论用什么方法蒸煮，馒头凉下来的过程都会伴随着淀粉的老化，逐渐变硬。馒头的硬度也与复热的方法、冷却时的湿度环境和变温过程有关，还与面粉中直链淀粉和支链淀粉的比例有关。

10. 为什么“锡纸”放在微波炉里会着火，放在烤箱里面就不会？

微波炉加热食物和烤箱加热食物的原理是完全不同的，它们加热原理上的迥异才是出现不同现象的根源。

使用烤箱加热和使用火焰加热，在加热原理上没有不同，虽然烤箱加热是用电的，但是热量都来自电热效应。“锡纸”虽然叫“锡纸”，实际上是铝箔，点燃铝箔所需要的温度远远超过烤箱所能加热到的最大温度，所以说使用烤箱点燃“锡纸”是不可能的。

微波炉对食物进行加热的原理则完全不同。微波能够引起食物内的极性分子（主要是水分子）振荡，而把铝箔放入微波炉加热，由于铝箔是金属导体，它会试图屏蔽所有的电磁波。在进行电磁屏蔽的时候，它会快速地改变自身表面的电荷分布，在金属表面产生（快速并随时间变化的）电荷（分布）以抵消外部电磁波的侵入。这些在金属表面的电荷就有可能向空气放电（在金属的尖端尤为明显），这些短暂的放电有可能产生短暂的高温（或者电火花），从而看起来像是“燃烧”。

11. 为什么用微波炉加热冰糖块后冰糖块会很好掰?

微波炉主要利用高频振荡电磁波使食物中的极性分子（液态水和油类的分子）振荡，在不引起分子内部结构改变的前提下达到内能增加（加热食物）的目的。冰糖是蔗糖经过加水溶解等一系列操作，冷却结晶得到的，内部会含有一些结晶水。微波炉加热冰糖时，冰糖内的结晶水发生振荡，内能增加，使得冰糖块与冰糖块之间出现蔗糖水。蔗糖水的出现让冰糖块之间的固固接触变成了固液接触，因而冰糖块就很容易被掰开。

12. 为什么微波炉不能做蛋挞?

蛋挞说白了就是一种以蛋浆做成馅料的西式馅饼，只是其馅料外露而已，只考虑制作蛋挞的原材料的话是完全可以放到微波炉中加热的。与微波炉不兼容的其实是蛋挞最外面那层用“锡纸”做的托。像“锡纸”

这类金属材料是不可以放到微波炉中加热的，在微波加热的过程中，由于金属的电磁屏蔽导致电荷重新分布，可能会引发放电，产生电火花，使得在使用微波炉的过程中产生危险。所以，将最外面的“锡纸”托换成绝缘材质的托就可以避免不敢自己做蛋挞的尴尬了。另外，在制作蛋挞液的时候还是要按照各种食谱给的成分和比例来放，不要自己加一些奇奇怪怪的东西，而且最后倒进蛋挞皮里的时候不要倒得太满，否则你的蛋挞液可能会被炸飞……

13 . 为什么用微波炉加热整个鸡蛋会炸，但是如果把鸡蛋搅散了再放进微波炉就不会炸?

在解释这个问题之前，我们首先来复习一下微波炉加热食物的原理（想不起来的请翻回问题10）。当我们直接把整个鸡蛋带壳一起放进微波炉中加热的时候（危险操作，请勿模仿），鸡蛋内部的水被加热汽化，但由于有外壳，水蒸气不能逸出，会导致鸡蛋内部压强增大，当压强超过蛋壳的承受极限时，鸡蛋就会变成“炸蛋”（不带壳但是蛋黄完整的生蛋也不可以直接加热）。

但是把鸡蛋搅散了再进行加热，或是把煮熟的鸡蛋扎几个孔，使水蒸气可以逸出，压力得到释放鸡蛋就不会炸了。

不只是鸡蛋，很多带壳带皮的食物比如葡萄、番茄等放进微波炉直接加热都会有爆炸的危险，所以大家在使用微波炉的时候，不要图方便而把整个鸡蛋放进去加热。“炸蛋”有危险，加热需谨慎。

14 . 为什么咸鸭蛋的蛋黄一般都比蛋白的味道淡一些?

食盐透过蛋孔作用于蛋白膜，而蛋白膜是一种半透膜，离子可以自由通过。在高渗透压下，氯离子和钠离子通过蛋白膜进入蛋白内。当蛋白内的食盐浓度达到一定程度时，食盐在蛋黄膜表面产生强大的渗透压，钠离子和氯离子经过这层膜进入蛋黄内。蛋内的食盐含量随着腌制时间的延长而增加，蛋白含盐量增加的幅度尤其大；而钠离子和氯离子是经过蛋白向蛋黄扩散的，加之蛋黄因脂肪含量高，会阻碍食盐的渗透和扩散，于是蛋黄含盐量相对蛋白较低。所以咸鸭蛋的蛋黄一般没蛋白那么咸。

15.为什么雪糕吃起来比较软，冰块吃起来比较硬？

冰块几乎是一块完整晶体，其分子有序地排列，并通过氢键相连。温度越低，冰的硬度越高，在零下50℃时，冰的莫氏硬度甚至超过了钢铁。相比之下，雪糕则不是一大块完整的冰晶体，其内部有牛奶、奶油、糖等各类美味的“杂质”，它们不仅可以带来各种风味，而且可以使冰晶更小，提高口感。此外，雪糕内部还有许多微小的气泡，这些气泡使雪糕疏松多孔，口感绵密。正因为雪糕内部有美味的“杂质”以及许多小气泡，所以雪糕没有单晶的有序微观结构，自然比冰块松软许多了。

16.吸田螺时，为什么有时候吸不出来？怎么吸能省力？

为什么有些螺肉不好吸呢？这是因为在烹制田螺之前没有剪掉田螺的尾部，所以我们吸不出来；另一方面，田螺熟了之后螺肉就会缩小，但如果炒田螺时火候不够，肉也没有脱壳，吸的时候就会一直吸不出来。所以，想要省力地吸出螺肉来，在烹制时就要注意提前剪去田螺的尾部，用大火翻炒，这样就能轻松地吸出田螺啦。

17.吃冰棒时使劲吸为什么会感觉更甜一些？

解释这个问题需要用到材料领域中“相”的概念。所谓“相”就是体系中物理性质和化学性质完全均匀的部分。纯净水把糖、色素溶解，形成溶液，因为溶液是均一稳定的混合体系，所以这个溶液体系就是一种“相”。可是将这一溶液冻成冰棒后，冰棒就不是一种相了，至少会有两种相。这是因为色素和糖在水中的溶解度大，在冰中的溶解度小，将溶液冰冻的时候，溶液中的水大量析出结冰，而色素和糖则基本上留在未结冰的水中，形成高浓度的糖水。糖水存留在疏松的冰的空隙中。高浓度的糖水的凝固点比较低，所以它在冰棒中几乎以液体的形式存在。使劲吸一口冰棒的时候，你吸到的其实是高浓度的糖水，所以就会觉得更甜了。细心观察其实可以发现，使劲吸一口，冰棒上的颜色会淡不少，这是你把糖水中的色素也一块儿吸走了的缘故。

18.刚拿出来的冰棒为什么会“仙气飘飘”？马上舔上一口为什么会有舌头要被粘住的感觉？

因为冰棒的温度很低。取出冰棒后，冰棒快速降低了周围空气的温度，周围空气中的水蒸气因此而冷凝，形成大量小水滴微粒，这些小水滴微粒可以散射可见光，降低能见度，看上去就好像飘着云雾一样。天上的云朵也是类似的原理，都来自水蒸气冷凝形成的小液滴群。

舔一口有粘住的感觉，其实就是因为被粘住了。人的舌头表面是含水的，这些水在接触到寒冷的冰棒时，被快速地夺走热量，或多或少地被降温甚至凝固了。就好像冰把人的舌头和冰棒粘在了一起一样，所以可以给人粘住的感觉。不过冰棒温度还不算低，吃冰棒并不会产生危险，如果是温度更低的物体（尤其是热导率高的金属），千万不要用皮肤直接接触哦，否则会被冻伤的。

19.牛奶为什么能解辣？还有什么能解辣吗？

要知道牛奶为什么能解辣，首先要知道我们为什么会感受到辣。与酸甜苦咸鲜等味觉不同，辣其实是一种痛觉。在辣椒等蔬菜中有一种化合物叫作辣椒素，当人体摄入辣椒素后，辣椒素会和神经元上的辣椒素受体VR1结合，然后神经细胞会分泌一种叫P物质的神经肽，这种神经肽与痛觉传递有关，通过化学反应产生痛觉，从而使人产生一系列应激反应。

而牛奶能解辣就在于牛奶中的酪蛋白能快速与辣椒素结合，阻止辣椒素与VR1的结合，且二者结合后的产物不会刺激消化道，这样就达到了解辣的效果。除了牛奶之外，冰激凌也能有效解辣。喝冷水吃冰块都不能达到解辣的目的，反而会加快辣椒素的扩散，但是不要为了找借口吃冰激凌就去吃超出自己承受范围的火锅哦，不然你第二天就会后悔的。

20.喝茶的“回甘”是怎么回事？

不知道大家有没有这样的感受，喝茶的时候，入口微苦，细品之后却发现带甜，也就是所谓的“回甘”现象。

茶叶中的茶碱、茶多酚就是这苦味的来源，而喝茶的时候我们经常能闻到的香味，则来源于茶叶中含有的糖苷类物质。这种物质在口腔中会发生水解反应，产生糖和苷元（香气分子）。而水解产生的糖就是回甘的由来。此外，茶叶中本身就含有糖类和氨基酸，也是其甜味的来源。当然，这现象也和每个个体口腔对味道的敏感程度有关。

21. 为什么有些碳酸饮料放在冰箱冷冻会冻成冰，有些会变成冰沙？

其实决定冷冻后碳酸饮料状态的要素不是饮料的种类，而是冷冻前饮料瓶内的气压。如果冷冻前瓶内的气压和外界一致（一个标准大气压），那么当外界温度低于饮料的凝固点时，经过足够长的时间，饮料将从液态变为固态。如果在冷冻前晃动饮料瓶，那么溶解于碳酸饮料中的二氧化碳就会被释放出来，瓶内的气压将高于外界，这会使饮料的凝固点下降，低于0℃，所以这时候的碳酸饮料温度即使处于0℃以下，也依然是液态的。如果将0℃以下的碳酸饮料的瓶盖拧开，瓶内压强骤降，这时候碳酸饮料的凝固点提升到0℃左右，但此时碳酸饮料却是以低于0℃的液体形式存在，这种温度低于自身凝固点的液体叫作“过冷液体”。过冷液体不稳定，稍微有些扰动就会结晶。晃动过冷的碳酸饮料（相当于施加一些干扰），它就会马上凝固形成冰沙。用这种方法制作冰沙要注意的一点是碳酸饮料不能冷冻得太久，不然也是会冻成冰的，要摸索一下冷冻的时间，让碳酸饮料的温度低于0℃又不结冰。还需要提醒一下，摇晃碳酸饮料的时候不要用力过猛，以防瓶内压强过大产生危险。

22. 为什么蜂蜜不会坏掉？

食物腐败是由于细菌和真菌（分解者）的分解作用。但无论是细菌还是真菌，都具有细胞膜结构，这层膜分隔细胞内部与外部环境，负责细胞与外界的能量和物质交换。细胞膜具有选择透过性，只有特定的物质才能穿过这层膜进出细胞；细胞膜上有特定蛋白质做门卫，用来识别想要进出细胞的物质。水可以自由进出细胞，并总是倾向于往水少的地方也就是渗透压高的地方流动。蜂蜜的主要成分是糖，含量超过70%，水的含量不超过25%，具有很强的渗透压，细菌和真菌无法生存，没有细菌和真菌，蜂蜜自然可以不腐。尽管理论上蜂蜜可以长期保存，但还是建议要尽快食用哦，毕竟蜂蜜这种美味干放着实在是对不起味蕾啊！

23. 可以用肥皂代替洗洁精来洗碗吗?

肥皂的主要化学成分是硬脂酸钠，这是一种表面活性剂。洗洁精的主要成分也是表面活性剂，只不过它的成分和配方更复杂。

和肥皂比起来，洗洁精更耐硬水——不容易和水中的钙、镁等离子发生反应生成皂垢。另一方面，肥皂通常是固形物，较难溶于水，且容易残留；而洗洁精本就是水溶液，所以用起来方便。除此之外，（普遍意义上的）肥皂原本就不是为了洗碗而设计的，而洗洁精的专用性会有更好的清洁质量保证。

24. 为什么粥和牛奶在加热后又冷却时会在表面形成一层膜?

这层膜就是我们常说的粥皮和奶皮。首先，我们从粥和牛奶的成分入手，米粥的主要成分是淀粉，而牛奶则主要由水、蛋白质、脂肪、乳糖等组成。

牛奶中的脂肪是不溶于水的，需要蛋白质将脂肪包裹住，形成乳浊液。我们喝的牛奶一般会经过一些处理，使脂肪球变得相对较小，这样覆盖在脂肪球表面的蛋白质膜的张力就不会很大，牛奶长期存放也不会分层。将牛奶加热后，原本较为稳定的脂肪球结构瓦解，脂肪和蛋白质会散开、上浮，蛋白质相互交联在一起形成膜，脂肪吸附在蛋白质膜上，形成我们所说的奶皮。

粥皮的主要成分是淀粉。煮粥的时候，淀粉受热吸水，发生糊化；而粥冷却的时候，表面水分散失，导致淀粉链间距变小，从而形成网状的淀粉膜，这一层膜就是我们所说的粥皮。这个过程和纸张的干、湿同样都是大分子和水之间的作用产生的结果。

25. 为什么绿豆汤放久了会变红?

绿豆汤的颜色变化不是因为绿豆的品质有问题，也不是因为绿豆煮着煮着悄悄地变成了红豆，而是缘于其中的一种多酚类物质。这种物质很容易在外界条件影响下发生氧化、聚合等反应。如果水质呈酸性，那煮出来的汤大概率是绿的；如果水质呈碱性，则汤更容易变红。且多酚与金属离子反应也会带来颜色的变化。可以简单地记为“酸绿碱红”。此外，有研究表明，氧气也是促进多酚类物质反应的条件之一，所以也有人发现，开盖煮汤、煮得太久或者煮完放凉时，汤也会变红。

26. 粥或者面放得稍久就会变糊，这是个可逆过程吗?

粥和面的主要成分是淀粉，淀粉是高分子碳水化合物，由葡萄糖分子聚合而成，分为直链淀粉和支链淀粉两种。

直链淀粉以结晶的形式存在，形成螺旋状的线团。将淀粉放入水中，淀粉颗粒开始吸水膨胀；将淀粉悬浮液加热，达到一定温度后，淀粉颗粒会突然迅速膨胀；继续升温，淀粉颗粒膨胀的体积可达原来的几十倍甚至数百倍，悬浮液变成半透明的黏稠状胶体溶液，这种现象就是淀粉的糊化。淀粉发生糊化现象的温度称为糊化温度。这个过程中，直链淀粉晶体结构被破坏，螺旋结构解体，颗粒膨胀，加热时颗粒继续溶胀，扩散到淀粉颗粒之外；糊化时包含支链淀粉的颗粒破碎，被直链淀粉扩散形成的基质包裹形成胶状物。

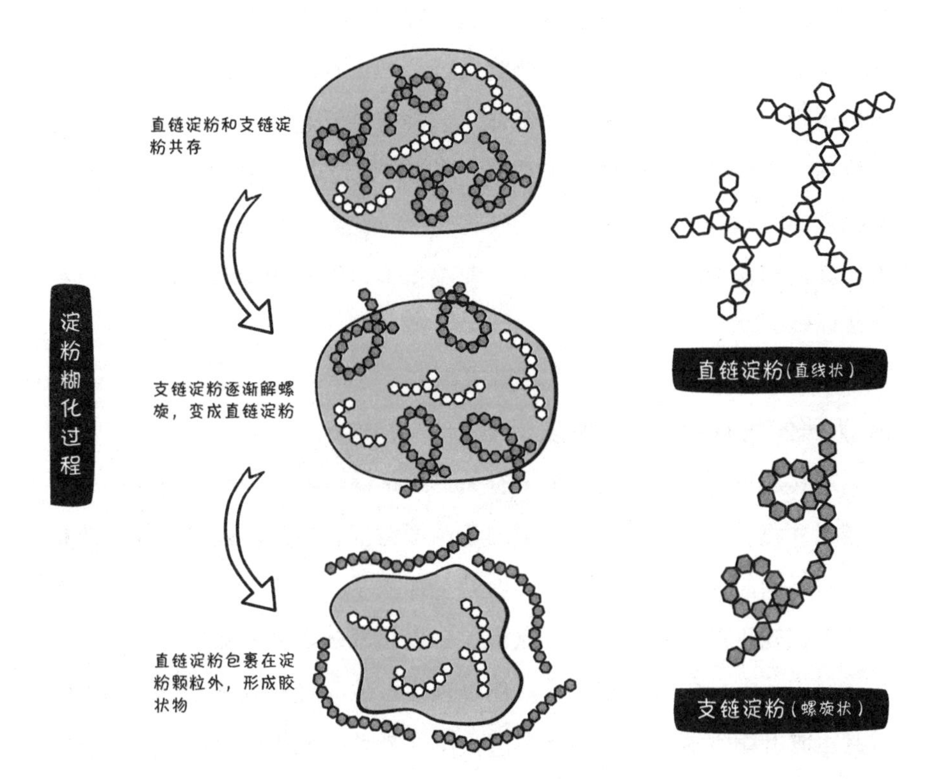

淀粉糊化存在逆过程。糊化的淀粉在稀糊状态下放置一定时间后会逐渐变浑浊，最终产生不溶性的白色沉淀，而在浓糊状态下则形成有弹性的胶体，一般被称为淀粉的老化。这个过程中，已经溶解膨胀的淀粉分子通过氢键重新排列组合，形成了类似天然淀粉结构的物质。但需要注意，老化过程形成的淀粉是不易溶于水的，不能再进行糊化。主要原因是淀粉分子通过氢键连接，无法再形成类似直链淀粉结晶的螺旋结构。

从严格可逆过程的角度分析，只有找到一种方法使淀粉和环境恢复原状，同时环境中没有能量耗散，才能认定为可逆过程。老化并没有使系统完全恢复原状，同时在淀粉糊化过程中，对淀粉加热的过程具有能量耗散，因此这个过程是不可逆的。

27. 生鸡蛋和熟鸡蛋在光滑的盘子上自由转动，哪个先停？

生鸡蛋先停。当生鸡蛋和熟鸡蛋以相同的角速度开始转动时，熟鸡蛋的蛋白、蛋黄和蛋壳是一个整体，会绕着轴一起转动；而生鸡蛋内部的蛋白、蛋黄这些液状物随着蛋壳的转动开始转动，慢慢开始具有速度，所以熟鸡蛋具有的能量更大，旋转得更久。此外，生鸡蛋内部具有流动性，其内部在旋转后会开始摇晃，使鸡蛋不再绕初始转轴转动，所以会更快地停下来。

28. 为什么跳跳糖遇水才会跳？

这其实与跳跳糖的生产工艺有关。跳跳糖所使用的配料与那些普通的糖果并没有区别，都是将制糖的各种原料混合加热，做成浓郁的热糖浆。但不同的是，制作跳跳糖时糖浆里加入了高压二氧化碳，二氧化碳气体会在糖里形成细小的高压气泡。在糖块冷却之后释放压力，糖块碎裂，但碎片中仍含有高压气泡，你可以透过放大镜看到它们。跳跳糖接触到水时开始溶解，封装小气泡的小空间外壁就变得脆弱，这时候里面的二氧化碳就跑了出来，推动跳跳糖进一步开裂并“跳”起来，在我们的嘴里形成微小的爆破，发出噼里啪啦的声音。这就是我们感觉跳跳糖像小精灵一样在舌头上跳舞的原因啦。

29. 一次性筷子放入碳酸饮料中，筷子周围会有大量气泡，请问这是化学反应还是物理现象？

将一次性筷子插入碳酸饮料中，可以看见有气泡附着在筷子周围，这主要是物理现象。一次性筷子的表面粗糙不平，有很多小孔和凹槽，这些小孔和凹槽内存有空气，当把筷子插到碳酸饮料中时，这部分空气就逸出小孔附着在筷子表面。此外，碳酸饮料中还含有大量的二氧化碳，把筷子插到碳酸饮料中会给二氧化碳的析出提供新的表面，成为气体析出的“核”，饮料中的二氧化碳可以依附在上面析出。其实平时我们也可以看到，刚买的碳酸饮料瓶壁上会有小气泡附着，这也是因为瓶壁可以提供二氧化碳析出的“核”。

30.泡泡糖为什么比口香糖吹的泡泡大？

泡泡糖与口香糖统称为胶基糖，基本成分都是甜味剂、香味剂、软化剂以及胶基。胶基，就是以食用级橡胶或者塑料等高分子材料为主要成分的混合物。当你把糖等溶于水的小分子都吃掉以后，嘴里就只剩下那些寡淡无味的胶基了。早期，胶基里面的高分子一般采用天然树胶等高分子，但是由于产量太低，无法满足生产，后来就几乎全部采用合成高分子了。而口香糖胶基和泡泡糖胶基的主要区别就在于天然树胶的使用量。使用的胶基不同，比例也不同，口香糖和泡泡糖吹出的泡泡大小也就不同了。口香糖因为含树胶量少，其胶基的粘连性很差，所以一般吹不出大的泡泡来。

31.为什么牛奶做的奶酪加热后会融化，而豆浆做的豆腐却不会？

奶酪和豆腐的制作过程都是从液态经过一定的处理手段变成固态，但从液态到固态并不都像水结冰那么简单，这也导致了二者在加热后的不同变化。

制作奶酪的过程和酸奶有些类似，都是让鲜奶发酵，奶酪基本可以看作是浓缩发酵的牛奶。对鲜奶快速进行巴氏消毒后加入发酵剂，使鲜奶中的乳糖转变为乳酸，当达到适当的酸值时，加入凝乳酶，使蛋白质变性形成凝胶状的网络，将脂肪和液体固定在其中，不使之和乳清一起流出，然后将其挤干或用其他办法使之干燥，一块奶酪就基本做好了。当对固态的奶酪进行加热时，凝固的脂肪开始融化，继续加热，酪蛋白纤维断裂，整个蛋白质结构开始松散，就形成了奶酪的融化。但注意，此处的融化也并不是恢复到鲜奶那样的状态。

豆腐的制作并不是靠发酵，而是靠破坏胶体稳定性，使胶体粒子聚沉。聚沉指的是向胶体中加入电解质溶液时，加入的阳离子（或阴离子）中和了胶体粒子所带的电荷，使胶体粒子聚集成较大颗粒，从而形成沉淀从分散系里析出，形成固体。加热并不能让聚集的胶体粒子分散成原来的小尺寸，反而会使胶体能量升高，胶粒运动加剧，碰撞更加频繁，减弱胶体的稳定性，导致胶体凝聚。事实上，豆腐本身是聚沉产生的沉淀物质，因而不会像奶酪一样变回豆浆那种液体状态。

32.如何才能更好地在娃娃机里夹到娃娃？

玩过抓娃娃的朋友们都知道抓娃娃主要分为以下几步：投币、抓取和运送。而抓娃娃的难点就是抓取和运送，这里我们唯一能利用的工具就是娃娃机里的那个爪子。爪子的位置和抓取力是决定我们最后是否可以成功抓到心爱的娃娃的关键。通常在放下爪子之前，我们需要在娃娃机的各个方位进行观察，来确定爪子的位置是否对准了想抓的娃娃，如果只从正面看，我们对于爪子前后的位置分辨可能会出现误差，导致抓不到娃娃。不过只要位置找准了，基本上都能抓到娃娃的大半个身子或者脑袋。但是，即使位置找得再完美，爪子抓不住娃娃也是徒劳。商家通常会通过电压和一些程序在爪子的抓取力上做调整，比如刚抓起来的时候抓取力比较大，在运送过程中抓取力比较小，导致明明抓起来了却送不到出口，这也会让我们产生一种下一把就能抓到的感觉，然后不断尝试。面对仿佛得了重症肌无力的爪子，我们能做的就是通过尝试掌握爪子抓取力的规律，只要不是全程“肌无力”的爪子，我们把握时机，争取在爪子的抓取力还比较大的时候平稳地把娃娃送到出口就好啦！

当然，实际操作起来其实还是有相当难度的，而且不同娃娃机的爪子设置不同，也许这台机器上的规律换个机器就不适用了，所以最好的办法就是抓离出口近的“幸运儿”。只要抓起来，让运送过程尽可能短，就有机会得到娃娃。如果出口附近没有合适的娃娃，也可以多尝试几次，把中意的娃娃一点点送到出口。

脑洞时刻

01.微波炉能加热食物，那有没有能制冷的微波呢？

微波炉加热的原理是，炉中的磁控管将电压转换成高频振荡的电磁波（一般是2.45GHz频率的微波），食物中含有的电极性分子（液态水和油类）会随振荡电场一起振动，分子不断变换方向，并影响邻近分子，使整个分子集体振动，内能增加，从而达到加热的目的。一句话总结，微波能够加热食物是因为能够通过电磁场加剧分子振动，达到增加内能的结果。

那么微波能使运动减缓吗？答案是否定的。那么有使原子运动减缓的光电技术吗？我们常说的激光冷却（利用光子撞击原子从而达到减速效果，本质就是入射的光比出射的光能量低，能量差需要物质降温来提供）就可以减缓原子运动，这项技术和获得2018年诺贝尔物理学奖的光镊技术相关，不过激光制冷目前仍然难以冷却像食物这么庞大的体系。

02.为什么冰箱是个柜子，而冰柜又是个箱子？

要说清楚这个“误会”，需要追溯一下冰箱和冰柜是在什么情况下被命名的。实际上中国古代很早就有了“冰箱”，只不过不用电，而且最初它们也不叫冰箱而是叫“冰鉴”。所谓“冰鉴”，就是冬天的时候储存好冰，夏天把食物放在其中用于保鲜的容器，它同时还可以散发冷气，给室内降温，起到冰箱加空调的双重作用！

“冰鉴”这个名字一直持续用到清朝，直到乾隆皇帝时出现御制的掐丝珐琅冰箱，才将“冰鉴”更名为冰箱。此时的冰箱是符合我们的认知的。中国的传统中“卧为箱，立为柜”，箱一般是躺着放置并且从上面开门的容器，而柜则是立着放置（一般有脚）的从侧面开门的容器，很少有容器违背这个原则，可见最初的冰箱确实是箱子！实际上，在电冰箱出现之前，西方也有类似冰鉴的东西，制冷原理也差不多。

关于现代意义的电冰箱的发明时间，人们说法不一，常见说法是1923年瑞典工程师巴尔泽·冯·普拉东（Balzer von Platen）和卡尔斯·蒙特斯（Carls Munters）发明了第一台电冰箱。大约在1940—1950年，电冰箱（柜子形状）传入我国，当时的人们一看，这功能和我们的冰箱不是一样的吗？所以为了方便（懒得改口），即便它本身是柜子形状，依旧取名为“电冰箱”。为什么带一个“电”字，一方面可能是因为当时使用电的东西并不多（实际上很多用电的东西名字都带了“电”“机”这类字眼），另一方面当时本土已经有了不用电的冰箱，后来者称为电冰箱也算自然。

第一台家用冰柜出现的具体时间已很难考证，但可以确定出现在冰箱之后。冰柜耗能比冰箱大许多，最初是给商场之类的地方使用。箱子形状的冰柜传入我国的时候，人们才意识到，这才是名副其实的“电冰箱”，但是冰箱的名字已经被那柜子一样的东西给抢走了，重新改名已经不便，再考虑到一般这种闭合的容器都是称为“柜”或者“箱”，无奈只能称其为冰柜了。

可见，是传入时间不同导致冰箱和冰柜名不副实，相信如果这两个产品同时传入中国，叫法会完全相反。

“我果然没看错，小伙子问题答得不错，让我这老头子终于也活了个明白，糖葫芦我就送给你啦！”老爷爷开心得眉飞色舞。

“咕噜……”看着薛小猫啃糖葫芦，物理君的肚子叫得更起劲了，光顾着解答问题，还一直没吃上饭呢！想到这里，物理君辞别了老爷爷就想往美食城里面跑。

“慢着小伙子，其实我还有个兄弟是这美食城的食材供应商，关于制冷和冰箱冰柜他也有问题需要解答，我带你去找他，保证你好吃好喝。你想去悟理学院，我也给你指条明路，我孙子读的就是悟理学院附中，到时候让我兄弟借车给你，你去那里看看，也许能找到什么线索。”

解锁交通工具——小汽车

01.马路上的减速带一般弧度是多少？汽车速度达到多快会因减速带而飞起来？

想要知道减速带的弧度，首先要知道减速带的规格与截面形状。规格上，减速带的宽度一般为300mm或350mm，厚度一般为30mm、40mm或50mm；截面形状有等腰梯形、圆弧、正弦线、抛物线等。下面以等腰梯形和圆弧两种减速带截面为例计算弧度。

显然，当截面宽度为350mm、高度为30mm时，弧度最小；当截面宽度为300mm、高度为50mm时，弧度最大。通过计算，截面为等腰梯形时，13.50°≤θ≤26.57°；截面为圆弧时，19.46°≤θ≤36.87°。可见，减速带的弧度会因为规格和截面形状不同而在不同的范围变化，平均为20°以上。

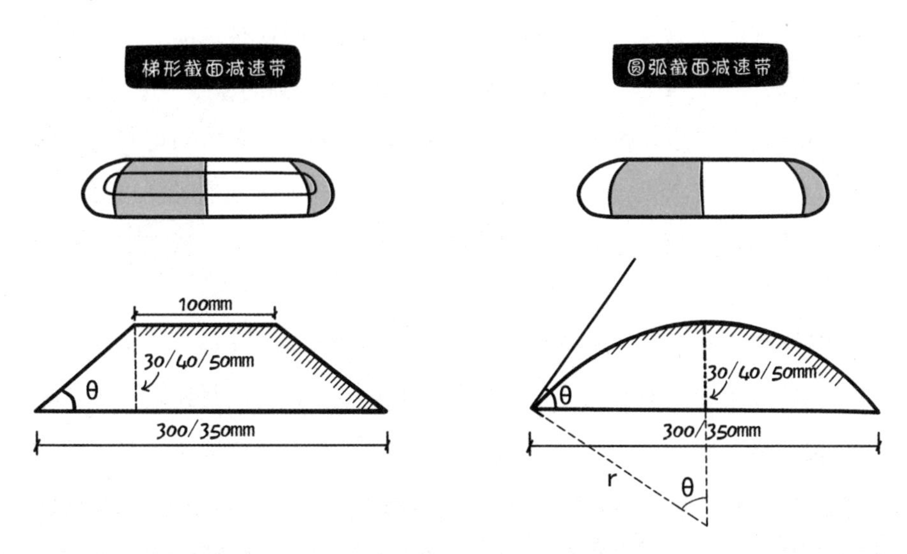

下面讨论关于汽车“起飞”的问题。高速行驶的汽车前轮先通过减

速带的顶端并飞离地面，车头先向上扬起再回落至地面；若前轮落地前，后轮已经通过减速带的顶端，汽车就能完全腾空。

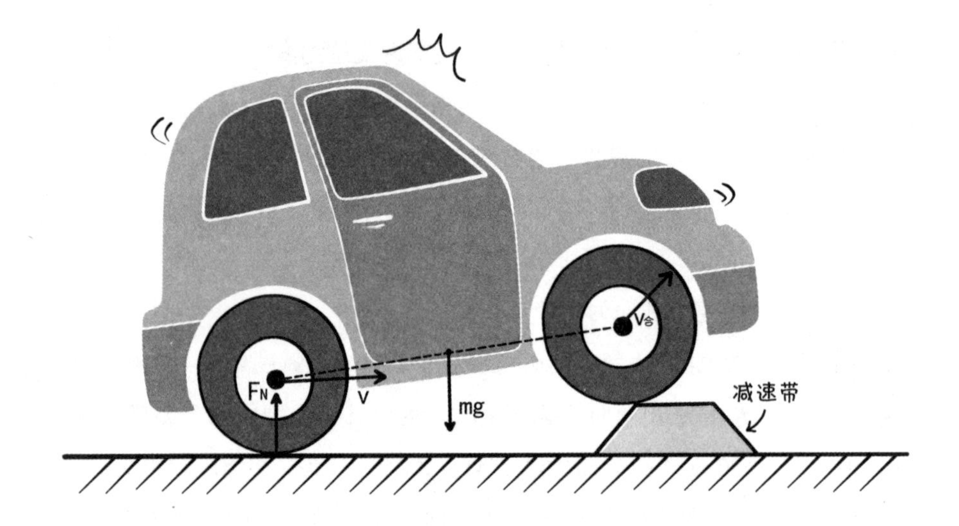

假设汽车质量m = 1500kg、轴距（前后轮间距） = 2.5m，通过一个宽度为0.3m、厚度为0.05m、截面为等腰梯形的减速带。视汽车为刚体（与减速带碰撞时不产生形变），到达减速带前以较高的速度匀速行驶。

在汽车前轮进入减速带至到达顶端的过程中，竖直方向可视为匀加速运动，可算出竖直方向加速度和前车轮到达减速带顶端时竖直方向的速度。而后汽车处于单轮着地的“杠杆”状态，根据角动量定理和转动定理，可解出汽车行驶速度为10km/h。

这么慢的速度就能让汽车“起飞”？我读书少你别骗我！分析时假设汽车不产生形变，但实际过程中车胎以及与车胎连接的悬挂系统皆有弹性，能起到很好的减震效果，这才使得现实生活中速度较快的车在驶过减速带时没有“起飞”。考虑减震系统后的“起飞”速度与汽车的减震性能密切相关，道路千万条，安全第一条，一般而言，汽车过减速带时在人口密集的地方速度应控制在10～20km/h，人口不是很密集的地方应该控制在15～35km/h。

02.“汽车开空调会导致发动机产生的一氧化碳等废气进入车内”是真的吗？汽车开空调时要不要打开外循环按钮？

汽车空调采用了两种循环模式——内循环和外循环，虽然都可以调节车内的温度，但是它们之间有一些区别。内循环保持空气只在汽车内部循环，而外循环则会引入部分车外的空气。空调的空气循环系统一般和气缸里的气体循环系统是完全分离的，理论上并不会引入汽车燃烧的废气。但是，为什么我们实际使用的时候有时会感觉外循环让车内空气变浑浊了呢？那是因为在开启外循环之后，外界的空气可以进入汽车内部，会无法避免地将其他汽车排出的尾气引入车内。总的来说，外界空气不干净的时候，最好不要使用外循环。

但是也千万不要一直只使用内循环，人的呼吸总会逐渐消耗汽车内部的氧气，如果一直不开启外循环，汽车内的氧气会慢慢地被消耗掉，而又无法通过外循环来补充，最后甚至有可能引起窒息。所以，大家开车时一定要注意及时使用外循环或者开窗换气。

03.为什么在我不打出租车的时候，周围一看全是空车，而到我打车的时候空车却一下变少了？

以北京为例，在上下班的高峰期道路会比较拥挤，但并不是全城都处于拥挤状态，而是在极个别道路上拥挤非常严重，有些道路则没有那么拥挤。也就是说，同一时刻在不同的地方，或者同一地方的不同时刻，车流量是不同的。常年开出租车的老司机对此已经有经验了，知道什么时候该去哪片区域拉客。因此，问题首先由于出租车的分布本就存在地区性、时间性差异而产生，在你确实需要打车的时候，整体上的打车需求也很高，所以你会觉得打不到车。

其次，这当中也包含了心理学要素。当你不需要打车时，一方面，你可能是在不紧不慢地“轧马路”，此时时间的流逝对你来说没有那么敏感；另一方面，空车亮着的标记牌使你更容易发现它，所以你的观察实际上就存在偏差，因为很多载客的车被你忽略掉了。当你想打车时，你的注意力会集中在每一辆路过的出租车上，之前被你忽略掉的载客的车就能够被看见了；而当你着急地想前往目的地时也会觉得时间漫长，因此就会更加觉得车难打。

学校里的物理

（悟理学院附中）

物理君停好汽车，到了学校门口，迎面走来一个人，看起来是个老师。物理君正想问路，却发现他满面愁容，简直和自己实验做不出结果时一样。怀着一丝同情，物理君走过去："您是这里的老师吗？我想问……""问问问，学生天天问，怎么大人也要问呀！"对方哭丧着脸回答。这一下就冷场了，正当物理君不知所措时，"喵喵！"薛小猫跳上老师肩头，用猫爪拍拍他的脸，老师回过神来："唉，实在不该这个态度，你要问什么呢？"

"我想问的是……嗐，我看倒是您更需要解决问题啊！"物理君热心地说，"就像力的作用是相互的一样，人与人之间互帮互助才好嘛！"老师见状就将苦水全都吐了出来："我就是这悟理学院附中的物理老师，为了活跃课堂气氛，我经常让学生们自由提问，可没想到他们提的问题越来越多，也与考试越来越无关，虽然发散思维是好事，可我平时还要备课、出题、判卷子，哪里有时间挨个解答呢？我答了又答，可黑板上还是问题多多，我这是刚出来喘口气。"

"我就是学物理的，不如我来帮忙，正好也需要您帮我一个忙呢！"物理君兴冲冲地说。"那可真是太好了！你现在就跟我来吧，学生们都嗷嗷待哺呢！"老师的眼睛都亮了，"走！我们到教室去！"物理君招呼薛小猫，却发现小猫早就一溜烟先跑去教室了。

教室里热闹得很！同学们围着小猫，这个想摸摸那个想碰碰。"嗷呜——快来救我！"眼看着小猫就要落入"魔爪"，物理君赶忙敲了敲黑板，恰好点到"物理墙"上的问题："同学们！今天我和薛小猫来帮你们解决那些老师不教、考试不考的问题，就从笔袋里的尺子和橡皮开始吧！"

01.为什么时间长了笔袋里的尺子和橡皮会粘在一起?

尺子通常是由塑料制成的；而橡皮的原料有很多，会和塑料尺粘在一起的主要是由软质PVC（聚氯乙烯，这是五大通用塑料之一）构成，在制作过程中还加入了“增塑剂”使得其材质不像普通塑料那么硬。这里的“增塑剂”是一种油状的有机溶剂，能够溶解塑料使其变软。当加了增塑剂的橡皮和塑料尺碰到一起时，由于两者成分相似，增塑剂容易从橡皮经接触面逐渐扩散至塑料尺中，导致它们粘在一起。

简单来说，造成这种现象的主要原因就是“相似相溶”。既然知道了两者粘连的原理，就可以把塑料尺换成钢尺或者把橡皮和塑料尺分开放，这样它们就不会粘在一起了。

02.为什么眼镜戴久了不擦会有一层油?

平时佩戴眼镜的时候，眼镜上的油大都来自脸部分泌的油脂、脱落的皮肤组织、空气中的灰尘等。也可能是因为镜片膜层品质不好，没有防油污的作用，或者是膜层老化。不同品牌、功能的眼镜镀膜工艺各不相同，而为了获得本身不具备的优良性能，人们往往会在镜片表面镀上多层光学薄膜。这些光学薄膜主要分为强化膜、减反射膜、疏水疏油膜和防静电膜等。疏水疏油膜决定了眼镜的防水防污能力。它减少了水或油与镜片的接触面积，使水或油不易黏附于镜片表面，保证镜片的视觉效果。所以选用一款合适、质量好的眼镜，有助于减少镜片上的油污，此外也要对镜片定期清洗以保持清洁。

03.请问湿度计的原理是什么?

以干湿球温度计为例。它由两支规格一样的温度计组成。两支温度计的不同之处在于：一支温度计的球泡上包裹有浸湿的白纱布，叫作湿球；另一支温度计的球泡直接与空气接触，用于测定气温，叫作干球。干球测定的是气温，而因为湿球有浸湿的白纱布包裹，当空气中相对湿度低于100%时，水分会蒸发吸热，湿球的温度就会低于干球的温度。空气越干燥，蒸发越剧烈，干湿球的温度差就越大，通过计算两者之间的温度差就能得出环境的湿度。原理虽然很简单，但是在不同的气温下，干湿球的温度差代表了不同的湿度，两者关系很复杂，一般需要查询湿度图获得绝对湿度。家用干湿球湿度计上会有湿度对照表，可以从上面读出相对湿度，也有的在底部装有计算盘，转动计算盘也可得到相对湿度。

04. 振动的物体一定发声吗?

声音是物质振动时产生的波通过介质被人体或动物的听觉器官所感受到的波动现象。因此，发声须得满足三个条件：物质振动，有传递波的介质，以及听觉器官的感受。振动的物体只满足第一个条件时，由于缺失介质，声音在真空中无法被传播。固体中的晶格振动无法被人体器官感受到，因此可以说不发声。一些超过听觉器官感受范围的声音频率，人体或者动物也无法“听到”其声音。因此，不能说振动的物体一定发声，反过来应该说，物体的振动是发声的必要不充分条件。

05. 声波和冲击波有哪些区别?

声波和冲击波都是波的一种形式。声波的形成过程是声源振动传播，使周围的空气压强在正常的压强范围内波动。其波动的振幅可以用分贝来描述，我们日常说的“安静环境40 ～ 50dB”就是描述的声波的这一特性。在大气环境下，由于声波波动声压有最小值——真空，所以声波的上限为194dB。

但是，当能量足够大，物质声源的膨胀速度大于其传播速度（声速）时，会有冲击波产生。冲击波前的空气来不及对振动发生“反应”便被快速改变，会导致介质中的压强、温度、密度等物理性质发生跳跃性改变（也因此冲击波的上限超过了194dB）。以超声速飞机为例，由于飞机飞行速度比声音的传播速度快，因此其头部和尾部会产生冲击波，冲击波经由空气突然到达人耳，人耳鼓膜感受到空气的压强突然变化，就成为轰然巨响的爆炸声，也就是我们常说的“音爆”。

冲击波能量衰减很快，经过衰减，它的波从非线性波变为线性波，也就退化成了正常的声波。

06.为什么容器洗到“水在上面既不成股流下，也不聚成液滴”就算洗干净了？

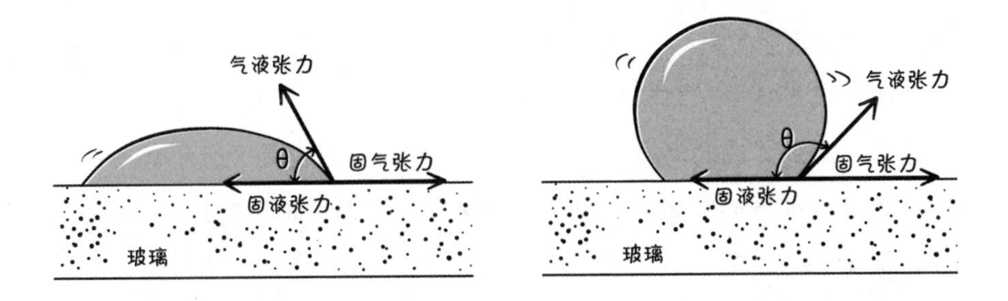

这主要是由水的表面张力与水和容器表面的吸附力决定的，而且该方法主要适用于玻璃容器。当液体滴在固体表面时，其弯曲的表面与固体表面形成一个角，这个角叫接触角（图中的角θ），其大小衡量液体浸润固体表面的程度；一般水在干净玻璃上的接触角小于90°，水浸润玻璃，因此水在玻璃上无法形成水珠；这个接触角对固体表面的污染物很敏感，一般污染物会显著增大接触角。实验室玻璃容器在盛装试剂之后，表面有很多残留物，残留物增大了水在玻璃表面的接触角，水开始变得不浸润玻璃而形成水珠，甚至是成股流下，因此观察水在容器表面的状态可以判断玻璃容器是否被洗涤干净。另外，生活中看到的防水面料，水滴在上面会形成水珠，与在玻璃上完全不同，还有荷叶上晶莹剔透的水珠，都是因为水在这些材料表面的接触角大于90°（不浸润）。

07.为什么塑料受热会萎缩？热胀冷缩不能用在这儿吗？

热胀冷缩是指物体受热时会膨胀，遇冷时会收缩的特性。物体内的粒子（原子）运动会随温度而改变：当温度上升时，粒子的振动幅度加大，宏观表现就是物体发生了受热膨胀；当温度下降时，粒子的振动幅度便会减小，宏观表现就是物体调冷收缩。

热胀冷缩是大多数物体的特性，但水（4℃以下）、锑、铋、镓和青铜等物质，在某些温度范围内受热时收缩，遇冷时会膨胀，恰与“热胀冷缩”相反。以水为例，水在4℃时体积是最小的，此时不论温度升高或降低，体积都会增大。

塑料属于高分子材料，其制备工艺使得其分子链具有一定的取向，当温度升高到其玻璃化温度以上时，其运动模式不再是大分子链上某些侧基或支链的振动或转动，而是变为大分子链某些链段的振动或跳跃，这使得分子链取向降低，塑料发生较大形变，表现为塑料的萎缩。

08.弹簧的弹力与形变量之间是怎样的关系？

胡克定律是指弹簧的弹力与弹簧的形变量成比例，这个比例系数叫作劲度系数。当给固体材料施加一个外力时，材料在尺寸上的改变叫作应变（应变具体定义为物体在外力作用下尺寸的改变量与原长的比值）。广义上，胡克定律是说固体材料的应变与施加在其上的应力成线性关系。一般而言，物体的应变与应力之间是非线性关系，相应的应力-应变比例系数不恒定，但在一个应力不太大的范围内，它们之间有近似的线性关系，相应的区域叫弹性形变区域。在该区域内应力-应变比例系数近似为恒定值。所以，胡克定律是弹簧在其弹性形变区域内成立的一种定律。当弹簧所受的力超过其弹性形变区域时，胡克定律就不适用了，相应的比例系数不再恒定。

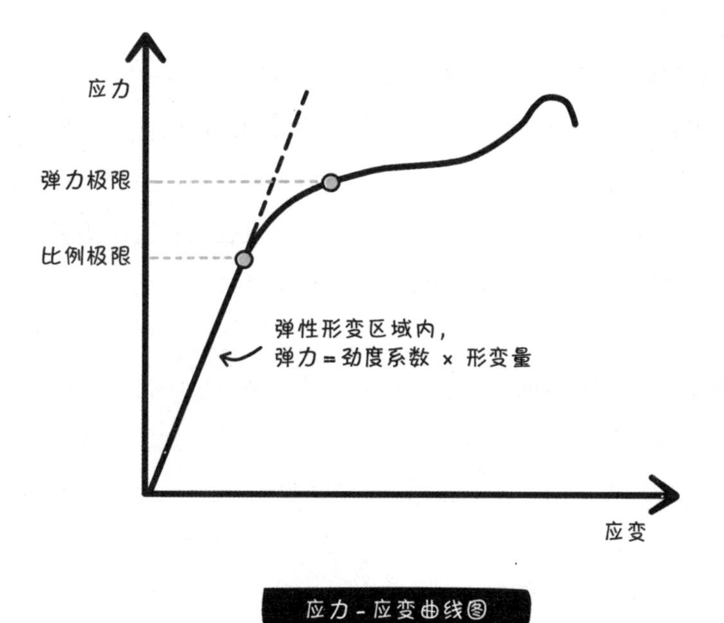

应力-应变曲线图

09. 为什么三角形是最稳定的结构?

一个结构的稳定性有两个决定因素，一是结构自身的材质，二是它的几何结构。三角形的稳定性就是由几何结构决定的。

对于三角形，只要三个边的长度决定了，这个三角形就唯一确定了（两个三角形全等的判定：三边相等则全等），唯一确定意味着它不可能有第二种形状。因此，对于一个三角形来说，即使不加任何其他的辅助，它的几何性质也能保证它不变形。换句话说，如果它变形了，一定是结构受到了破坏，一般是由于材料强度不够导致的三角形的边断裂。但是其他多边形不具有这个性质。比如，四条边相等并不能确定一个正方形，因为四条边相等的多边形还可以是菱形，所以对于四边形来说，并没有几何层面的原因限制它不能变形，想让它保持稳定还需要添加其他的措施。

10. 在撕纸时，沿不同方向撕开，需要的力度为什么不一样？

这是因为纸张内的纤维排列有一定的取向。可以把纸张想象成取向相同（可以粗略理解为平行排列）的纤维被粘在一起，纤维比黏合剂更难被扯断，需要用力大的一边相当于是将纤维扯断，而需要用力小的一边，只是将纤维分开。因此，撕纸时垂直于纤维方向比平行于纤维方向更难撕开。

简单介绍一下造纸的过程：首先，纸浆被一个叫作流浆箱的装置喷出，纤维被喷出时方向保持一致；其次，液体纸浆到了成形网上，为了加快滤水的速度，网子左右抖动，纤维交织得更好，但方向大部分还是一致排列的；然后经过压榨、烘干等步骤，纸张就做好了。

这样使得纸张纤维有一定的取向，这种排列特别像棒状液晶分子的排列，可以说纤维的排列具有“各向异性”。这种纸在洇墨或者浸水时，沿不同方向液体扩散的速度不同，向纤维延伸的方向扩散更快。

需要指出的是，并不是所有的纸张都是这样，比如宣纸内的各纤维取向随机，从哪边撕都一样，可以说具有“各向同性”，滴在宣纸上的墨点会扩散成一个圆形（有条件的读者可以自己试试看）。如果平时注意观察的话，有一些布也是一边容易撕开，这是因为机织布具有经纬线，经线更结实，所以裂口与经线平行时更容易撕开，这也可以说是一种“各向异性”。

11. 请问为什么用手抛东西有时候东西越重反而被抛得越远？

为了分析简单，我们假设每次抛的物体外形相同但质量不同。同时假设出手点和出手角度相同。

一般来说，手抛物体的距离先随物体质量增加而增加，然后随质量增加而减小。

我们知道，即便是不拿任何东西，挥手速度也存在最大值。而拿了重物后，物体的出手速度会随质量增加而减小。如果不考虑空气阻力，应该是出手速度大的物体飞行更远，也就是质量小的物体被抛得更远。但是考虑空气阻力后，由于空气阻力只和物体的外形与速度有关，而加速度和质量成反比，因此，以同样速度飞行的两个物体，质量越小，阻力形成的（和运动方向相反的）加速度越大，阻碍物体运动的效果越明显。因此，尽管轻物体的初速度大，但是阻力造成的加速度也更大，所以速度会迅速减小。对于质量较大的物体来说，虽然初速度没有那么大，但是阻力带来的加速度小，速度衰减慢，这样它的飞行距离就有可能超过质量小的物体。但是，对于质量非常大的物体，即使阻力造成的加速度很小，不过由于出手时的初速度也很小，它的飞行距离也会很短。

12.为什么在微观世界和极快的速度（光速）下，牛顿力学就不适用了呢?

物理学规律是通过实验和思辨得到的，实验数据只能来自有限多的实验（不可能做无数的实验来获取数据），这也是科学只能被证伪而不能被证实的原因，因为永远不能靠穷尽所有实验得到的数据来构造理论。

牛顿力学的实验数据来自宏观低速世界，由于在得出牛顿力学的过程中根本没有使用高速和微观领域的数据，因此，我们没有理由认定牛顿力学可以完美解释微观高速领域的数据。在研究微观高速领域的现象时确实出现了牛顿力学不能解释的数据。这并不是完美的牛顿力学突然失效了，而是因为在总结牛顿力学的时候我们并没有考虑所有的情况。这样看来，利用不完整的数据总结出的牛顿力学在高速微观领域失效就不奇怪了。

在接近光速的运动中，爱因斯坦提出了狭义相对论。在微观领域，世界遵循量子力学。那么，宏观低速世界是否就和高速或微观世界完全割裂了呢？答案是否定的。对相对论做低速近似或者对量子力学做经典近似都可以得到牛顿力学的内容，牛顿力学成了相对论或者量子力学在宏观低速领域的近似理论。用不完整的数据就得到更精确理论的近似表述正是牛顿强大物理能力的体现。

13.为什么反复弯折铁丝会发热？

日常生活中遇到的金属，比如铁丝，不是完美的单晶（分子排列有完美的周期性），有很多破裂和残缺。反复地弯折实际上就是使用外力让原本就不完美的晶体产生更多的滑移位错（这种形变是塑性的、不可逆的）。正是因为金属内部的缺陷非常复杂，所以原本原子之间整体的相对位移（弹性形变）变成了原子间混乱的相对位移（塑性形变），并转化成原子间混乱的无规则运动。反复弯折铁丝让铁丝发生了塑性形变，所有外力所做的功也在一系列微小的塑性形变中耗散成了无规则热运动，而无规则热运动的最终表现就是铁丝温度升高。

14.摩擦起电的原理是什么？

在这里只讨论不太低的温度下由原子核和电子组成的宏观固体物质。这些物质可以理解为由带正电的原子核和游离于原子核之外的巡游电子组成。对绝缘体来说也会有少量电子被激发出来。原子核对电子是有吸引力的，所以原子核会束缚住大部分体系中的电子，就算是对金属来说，每个原子也只会贡献少数的几个电子在固体材料中巡游。这些被束缚的电子可以不用考虑。固体的电磁性质，主要由相对自由的电子决定。这些相对自由的电子，整体又被称为自由电子气。

这时就要用到电子的一个很特殊的性质了，即泡利不相容原理。由热力学可知，所有的巡游电子都会去抢自由电子气中能量更低的状态，但是泡利不相容原理要求每一个状态最多只能放进去一个电子。由于后来的电子只能被迫占据能量更高的态，因此自由电子气中的电子越多，费米能（所有的电子当中能量最高的电子所拥有的能量）就会越高。

到这里，我们就已经可以解释实验现象了。我们都知道导体和绝缘体之间相互摩擦，导体会带正电，即失去电子。一般来说，导体的费米能相对更高。这些高能量的电子在导体和绝缘体接触的时候，就会倾向于离开自己原本的高能量位置，而去占据绝缘体中能量较低却还没有被占据的位置。这就是摩擦起电的原理。只要导体和绝缘体一接触，电荷转移就会发生，摩擦只不过是人为地加快电荷的转移。

15. 摩擦为什么能生热？摩擦力有哪些来源？

摩擦生热是日常生活中常见的一个现象，但其微观机制仍在研究中。一般而言，摩擦力的本质是电磁相互作用，摩擦生热本质可以理解为相对运动导致电磁相互作用变化，接触面处的原子在电磁力作用下运动加剧，同时将能量传输给附近原子，引起温度升高的过程。

摩擦力的定义：两个互相接触的物体，当它们发生相对运动或具有相对运动趋势时，在接触面上产生阻碍相对运动或相对运动趋势的力。一般而言，两个互相接触的平面无法做到原子级平整，同时由于物体暴露在空气中，其表面会有大量的附着物，接触平面一般会凹凸不平，互相啮合，此时摩擦力的来源主要是接触面的凸起部分在运动过程中的相互碰撞，碰撞过程伴随着大量化学键的断裂和重组现象，阻碍物体运动的摩擦力强弱与材料表面的粗糙程度（表面凹凸带来的碰撞次数）以及材料本身的种类（化学键的强度）密切相关。而在实验室条件下，如果能够实现接触面的原子级平整及高真空的状态，当两个接触面相距足够近（纳米尺度）时，排除啮合状态下的碰撞现象，摩擦力的主要来源就是原子-原子之间的电磁相互作用了。常见的例子有石墨的层间范德华力，原子力显微镜（AFM）、扫描隧道显微镜（STM）探针与样品表面原子的相互作用，以及磁力显微镜（MFM）磁性探针与样品的磁力等。

16.透明胶带用水泡久了以后为什么会变白？

透明胶带的“带”本来就是透明的，因为胶带使用的材质是BOPP（双向拉伸聚丙烯）。PP就是聚丙烯，我们使用的很多餐具就是PP材质的，和胶带是同一种化学材料。

透明胶带在粘上了别的东西之后就会失去透明的性质，在水中泡久变白也是因为胶带上的胶质吸附了水以及水中的一些杂质，表面变得不再均匀，且不再平整光滑，光线在穿透它的时候会发生各种散射和折射。这和浪花、泡沫显现出白色的原因是一样的。透明胶带所泡的水也不是蒸馏水，里面或多或少地带有各类微生物和微小颗粒，这些颗粒被胶带吸附就是胶带变白的原因。

17.为什么“破镜”不能“重圆”？是因为分子间隔太大吗？直接把碎镜靠近可以实现“破镜重圆”吗？

材料（如镜面）破碎时会有键（离子键、共价键等）的断裂和结构的扭曲，甚至会有部分结构脱落（碎屑）。在破碎后的极短时间内，新边界处的原子断裂的键会自发吸附空气中的气体分子，形成一个由数层分子构成的界面。分子间的相互作用对距离很敏感，一般而言，当距离在分子尺寸以内时，表现为斥力，斥力随距离减小增长很快，故液体、固体往往很难压缩；稍远一些，表现为引力；但距离再稍微大一些（几个原子距离），引力就衰减得差不多了。

当“破镜”想要“重圆”时，由于上面提到的原因，原来键合在一起的原子，现在基本上无法靠近彼此了（当然，宏观上看不出来），它们要么被气体分子形成的界面隔开了，要么错位了，要么脱落离开了。同时，这些原子还在各自无规则“热振动”，自然难以恢复原来的微观状态，宏观表现就是难以“重圆”了。

18. 物质是否可燃取决于什么结构？

一般语境下，燃烧的定义是，可燃物与氧气发生的氧化还原反应。

在这个氧化还原反应中，氧气作为氧化剂得到电子，而可燃物作为还原剂失去电子。如果我们假设温度足够高以忽略掉所有势垒所产生的效应，那么氧化还原反应是否可以发生就由反应前后反应物的自由能决定。

通俗点说，如果燃烧后的物质的自由能低于燃烧前的物质的自由能，那就能反应。在判断化学反应是否能发生的自由能判据中，自由能中的能量项起了主导性的作用。一般来说，反应物的总能量如果比较高，而生成物的能量比较低，那反应就容易发生。

所以促进氧化还原反应发生的结构，主要是那些断开并和氧化物原子结合以后，产生新物质总能量反而更低的化学键。

比如C-C键，C-C键的键能是346kJ/mol，O-O键是142kJ/mol，C-O键是358kJ/mol，C＝O键是799kJ/mol。不难发现，把C-C键拆开并重新和O组合往往会得到能量更低的物质，所以C-C键在燃烧中也就很难稳定。类似的化学键是燃烧的主要动力。

19. 为什么风有时能灭火，有时会助燃？

燃烧有三个要素：热量（温度达到燃点）、氧化剂（通常是氧气）、可燃物（还原剂）。

风会增强其中的一个要素（氧气/氧化剂）而削弱其中另外一个要素（热量），还有可能改变可燃物这个要素。向燃烧中的物体吹过去的风在带走一部分热量的同时，还会给燃烧中的物体带去更多的氧气，同时在一定程度上改变了燃烧的方向，也就是火焰的形状。火焰形状的改变有可能让可燃物与氧化剂、热源分离，使得燃烧停止（如吹灭蜡烛），也有可能像火烧赤壁一样让火焰点燃更多的可燃物。

蜡烛燃烧的时候，燃烧着的可燃物已经充分接触了氧气，这时风一吹，基本没能增强氧化剂这一要素，但是却带走了蜡烛燃烧的大量热量，这时风就是阻燃的。烧纸的时候，如果烧的是一大摞纸，内部就无法很好地和空气接触，这时候如果吹起了一阵风，吹散了这摞纸的同时让纸张和氧气充分接触，就会极大程度地助燃。

20.酒精灯是什么原理？为什么点燃后酒精瓶里面的酒精不会燃烧？

常见的酒精灯构造可以简单地表示为下图：

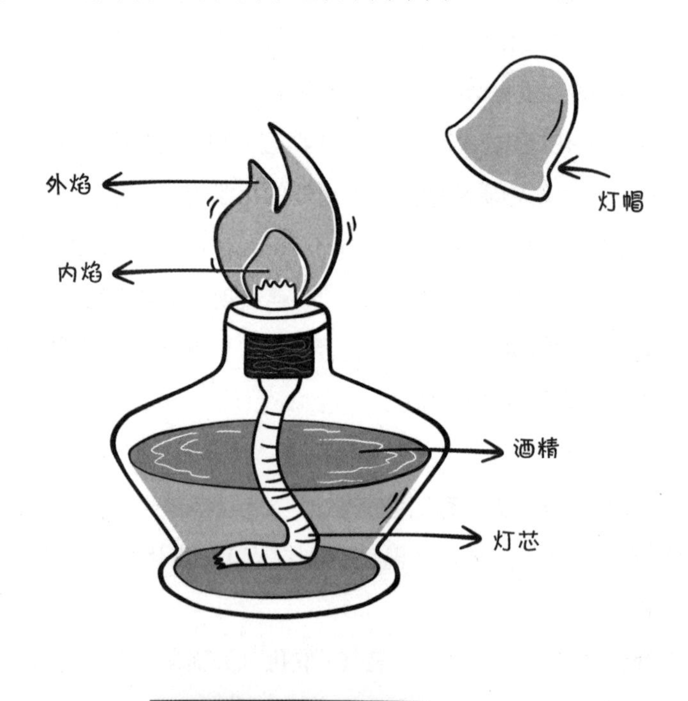

酒精灯结构示意图

酒精灯的灯芯是由多股棉纤维拧成的。在使用过程中，灯芯本身浸润了酒精，由于毛细作用，酒精顺着灯芯到达顶端。而酒精本身很容易挥发并且燃点很低，灯芯顶端的酒精蒸气和空气中的氧气充分接触，所以可以被点燃，毛细作用又会使壶中的酒精源源不断地到达灯芯顶端，燃烧的温度足够使这些酒精再次蒸发成蒸气，使燃烧的过程持续下去。

但是，灯芯本身的材质使得它的燃点要比酒精高得多，而且酒精本身蒸发又会吸收热量，火焰尤其是内焰的温度不足以点燃灯芯。灯壶里的酒精得不到足够的热量，并且也没有足够的氧气让它燃烧，所以壶中的酒精不会被点燃。

但是！还记得化学老师讲过酒精灯里的酒精不能装得过满吗？这是因为酒精本身还是容易挥发的，装满酒精之后壶中的酒精蒸气会过多，这个时候就有可能发生爆燃了，所以酒精灯一定不可以装得过满！

21.水晶作为饰品真的有“磁场”吗?

水晶可以看作是二氧化硅晶体（有可能含有各种杂质）。

纯净且结晶良好的水晶是透明的。如果还含有其他杂质，尤其是金属离子，水晶就有可能呈现出各种颜色。如果水晶结晶得很糟糕，还含有各种各样的杂质的话，那就成了传统意义上的沙子——沙子的主要成分也是二氧化硅。

部分商家宣称水晶会产生磁场，对人类有“奇妙的作用”，还散布“水晶饰品需要消磁才能戴”之类的言论，这些都是没有科学依据的观点。任何单个原子都会产生极为微小的磁场，不只是水晶（二氧化硅），很多其他物质也会产生。这种磁场的尺度是原子级别的，这么微弱和小尺度的磁场不会和人类的生命活动产生联系。在介观到宏观的尺度，水晶几乎没有磁性。我们虽然可以用磁铁吸引铁屑，却无法用磁铁吸起沙子，就是这个原因。

综上所述，水晶作为饰品，是没有“磁场”的。

22.铅笔画的线为什么能导电?

铅笔芯是用石墨、黏土混合制成的，而石墨可以导电。我们写字的时候，实际上是通过摩擦把石墨涂抹在了纸张表面，所以用铅笔画出来的线实际上是石墨和黏土的混合物画出的线，当石墨颗粒相互接触，形成完整的导电通路时即可导电。

然而，同学们如果试着做实验，使用铅笔线点亮小灯泡的时候，可能会发现其导电性能不是很好，有的时候小灯泡亮，有的时候不亮。这是因为石墨线是薄薄的一层，如果石墨被黏土打碎，其导电性能就会受到很大影响。石墨的原子结构排布决定了它的准二维导电特性，即层内导电强，而层间导电弱，体现出强烈的各向异性。铅笔芯中的石墨是在被碾碎后才与黏土混合的，所以原子结构被打乱，因此导电性能并不十分出众。

同时，导线和铅笔线上的石墨具有很大的接触电阻。在材料物理实验中，接触电阻是测量材料导电性能的时候不可避免的问题之一。实验中灯泡如果点不亮的话，可以试试改用发光二极管，非常微弱的电流就能点亮发光二极管，比小灯泡容易点亮得多，成功率会升高哦，读者们可以试试。

23.怎样让硬币漂在水中?

我们先来看一下水的张力是如何让硬币漂浮在水面上的：

如图所示，把硬币放在水面上之后，水面张力会提供给硬币一个斜向上的力，这个力和硬币受到浮力的合力与重力抵消，就能够让硬币“浮”在水面上。

那么问题来了，具体如何操作才能让硬币浮起来呢？首先是选择一个足够轻的硬币，一分或五分的硬币都是很容易浮着的。其次保证水足够纯净，因为纯水的表面张力比较大。

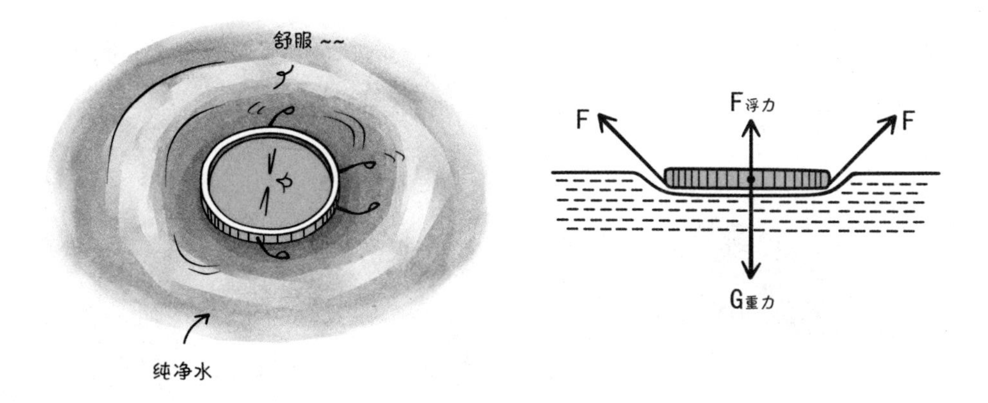

最后一步比较关键：如果把硬币往水里一扔，那么硬币会因为惯性直接坠入水中。一个比较合适的做法是，非常缓慢地把硬币放在水面上。同学们可以试着用镊子或者弯曲的铁丝、回形针，夹着或者从下面托着硬币，缓缓把硬币平放在水面上，这样一般都能成功。

24.为什么黑笔和红笔的笔芯后面都有一小段黄色的东西？

中性笔笔芯在我们生活中再常见不过了。不知道大家有没有观察过，中性笔笔芯的尾部都有一段与笔芯油墨截然不同的黄色或者白色的油状物，这个是什么呢？

这段油状物就叫作随动密封剂，主要成分一般是锂基脂，它本身具有一定的黏稠度，而且也有很好的耐挥发性，主要作用就是放置在笔管中油墨的末端，为笔芯提供良好的保湿、密封功能，同时防止墨水倒流或者蒸发。

另外，随着笔芯的使用，笔管里的墨水量会逐渐减少，这时候在外界大气压的作用下，锂基脂会往前移动，相当于往前压油墨以保证书写的顺畅——这时它相当于“液体活塞”。

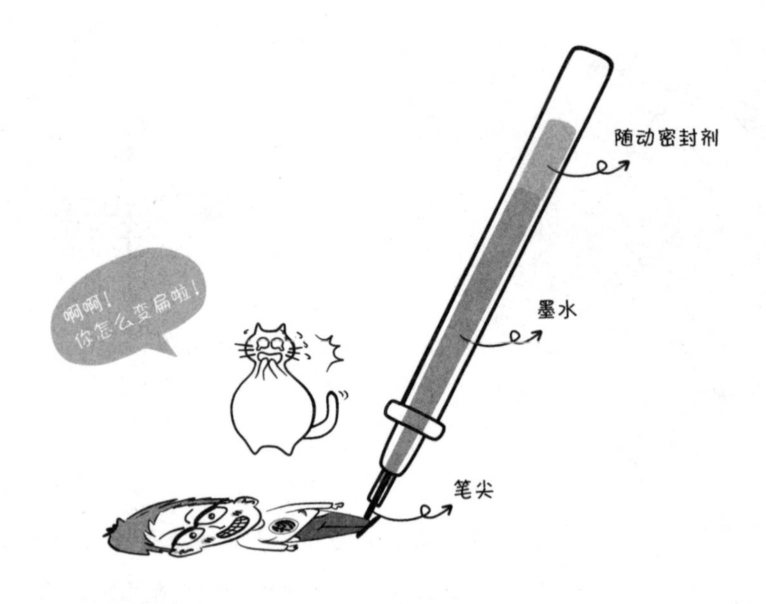

25.为什么质子数能决定元素种类，而中子数不能？

元素种类是按照它们的化学性质划分的。元素的化学性质可以用量子力学去解释。需要用到薛定谔方程和泡利不相容原理。

对于单电子来说，影响电子状态的是薛定谔方程中的势场和电子数（由于泡利不相容原理的存在，已经被其他电子占据的状态不能再容纳其他电子，这也会影响原子性质）。其中电子数完全由质子数决定，而外场几乎不受中子数的影响，因为中子虽然有质量，但是引力相互作用太小，几乎不对电子产生影响。

另一方面，虽然质子和中子之间存在强相互作用，但是强相互作用的有效距离非常短，以至于电子几乎感觉不到它的存在。因此势场几乎全部由质子的电场提供。这也是质子数可以决定元素种类的原因。

26.核反应损失的质量去哪里了？

质量和能量是完全等价的，有质量就有能量，有能量就有质量。一个具体且简单的例子就是，一个物体随着速度增加其质量也会随之增加，这是狭义相对论给出的结论。另一种理解，就是物体由于具有动能，导致了质量增加，这也是质量与能量等价的一个具体体现。

在核反应过程中并没有真正损失质量，不过能量（质量）的形式确实发生了转变。由粒子的静质量（静能量）转化为了粒子的动能，同时核反应会生成光子这样的粒子，所以粒子的部分静质量（静能量）也转化为了光子等新生成粒子的质量（能量）。所以，所谓“质量亏损”其实是“静质量亏损”！而正因为动能增加，粒子变“热”，所以核反应才会放热并被人们利用。

脑洞时刻

01. 声音可以灭火吗？

声音可以灭火，但不是所有的声音都可以。美国乔治梅森大学工程专业的两名学生发明了手持声波式灭火器，其原型包括声频发生器、放大器和一个准直器。声频发生器可以产生一些30～60Hz的低频声波，放大器将声波信号放大，准直器将这一部分声波瞄准火焰方向，可以扑灭一些小型且受控的火灾。我们可以从两个方面考虑声波式灭火器的工作原理，一是燃烧的条件，二是声音的本质。

燃烧需要三个条件：可燃物、氧化剂和热量。声音的本质是物质振动在空中的传播，一般的声音振动很小，但可以通过耳膜的微小振动被人体感知听到。在灭火中，放大器将声波的振动幅度加强，准直器将声波瞄准燃烧现场，从而使作为振动介质的氧气分子在特定频率下短暂地与燃烧物分离；如果燃烧速率不够大又来不及与下一部分氧气继续燃烧，则失去氧气的补给便可抑制燃烧过程，从而达到灭火的目的。然而，除非可以制造一个超级大的放大器和准直器，不然声音灭火还是不适用于大型火灾现场。

02. 为什么子弹出膛后的后坐力使枪头转向上而不是向下？

这和枪支的设计有关系：几乎所有枪支的握把的高度都低于枪管的高度，因此子弹出膛后，后坐力让枪口抬起。

如图所示，子弹出膛时会在枪管处产生一个方向与子弹出膛方向相反的力，这个力就是后坐力。人总是试图用手握住握把让它固定，以保证射击稳定。我们不妨假设人牢牢地握住了握把，也就是忽略后坐力引起的握把的位移，在这种情况下，握把相当于一个转轴。而后坐力会产

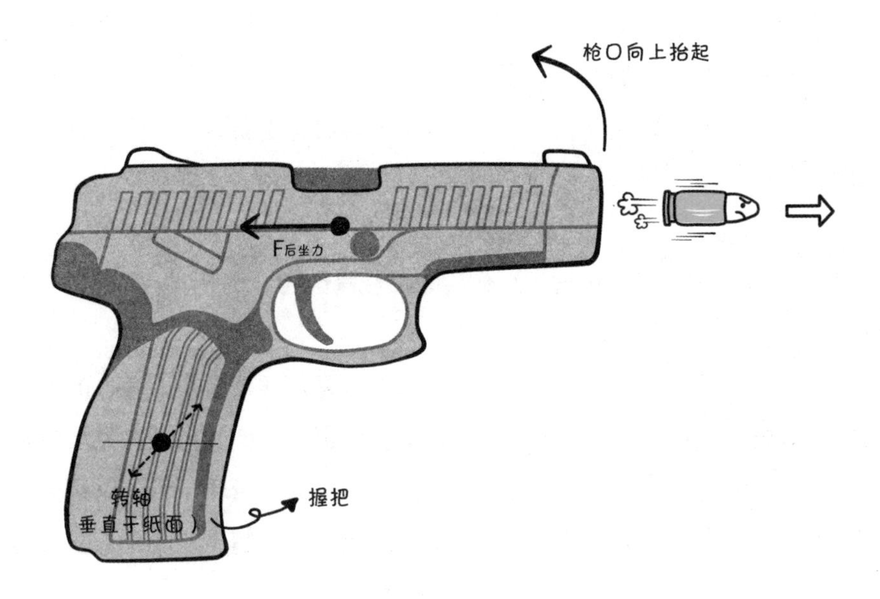

生一个相对于这个转轴的力矩，那么就不难得到后坐力会让枪体逆时针旋转的结论，而这种逆时针的旋转就会导致枪口抬起。

03.如果向天空开枪，子弹下落到地面还有杀伤力吗？

有杀伤力，而且很可能非常危险。

英文有一个专门的词叫“celebratory gunfire”，就是指朝天放枪庆祝，但这种行为可能使人受伤或死亡。

如果子弹完全朝着正上方发射，那么落地的时候子弹的速度就应该小于或等于子弹的重力和空气阻力达到平衡的终端速度（物体达到终端速度的时候，空气阻力和重力相互平衡，这是物体在空气中坠落的最高速度）。根据某期《流言终结者》的实验结果（在当次实验的特定枪支和环境条件下），这个终端速度的子弹可能不致命。

但是，如果子弹没有朝着正上方发射，子弹的飞行轨迹就会是一个常规弹道。如此飞行的子弹速度衰减相对较小，落地时候的速度就有可能超过具有杀伤力的阈值。

综上所述，打向天空的子弹在落到地面时的杀伤力，和开枪时的角度具有相当大的关联，但总体而言这种做法还是非常危险的。

04. 我向空气打一拳，根据相互作用力，空气也会给我一个相同的力，那为什么我没有感觉到呢？

我们之所以完全没感觉，不是因为空气是流体，而是因为打的空气太少太轻，导致相互作用力太小。水同样是流体，但是当人在打水的时候（或者考虑从高处跳水）能明显感觉到水对人的反作用力，这是因为水的密度比空气大很多。如果将拳头换成火箭，以超高速度直入云霄的火箭会受到巨大的空气阻力，相当于被空气打了。

我们要注意到，人的皮肤所感受到的力，实际上是某一段时间内受到的力的平均值。人在打空气的时候，让空气整体上获得了与手相同的速度（因为手太重了，空气分子撞上拳头会弹回）。

所以，只要出拳的速度足够快，就会感觉在被空气打。而被打的空气也会因为获得了更高的速度而更具威力，这似乎就是传说中的天马流星拳的原理……

05. 一只蚊子飞入一个空瓶而不碰瓶壁，会增加瓶的重量吗？

虽然瓶体作为一个物体自身的质量不会因为飞入蚊子而改变，但是如果这个瓶子被放在了一个秤或天平上，那么这个秤或天平的示数是有可能改变的。

在瓶中的蚊子，为了克服地球的重力，必须扇动翅膀以获得一个向上的升力。在得到这个升力的同时，它附近的空气因为被翅膀向下扇动从而有向下流动的趋势。如果瓶盖完全盖上了，那么流动的空气持续地撞击瓶子的底部，相当于给瓶子施加了一个力，使用足够灵敏的天平或者灵敏的电子秤，其示数就会发生变化。或者换个角度，如果瓶子是密封的，可以把瓶子、瓶内空气和蚊子看作一个整体，如果蚊子平稳悬空在某一位置，那么这个系统处于一个平衡态，其总质量应该是瓶子、空气和蚊子之和，相当于蚊子的“体重”通过瓶内的空气传递给了瓶底。

06. 在一个足够大的点电荷形成的电场下，在数光年外放置试探电荷，这个试探电荷能不能瞬间感受到电场力的作用，开始运动？

在电磁学的领域内，电荷与电荷之间通过电磁场发生相互作用。一个电荷能感受到的只有其他电荷的电磁场。所以，即使是相距数光年的电荷，只要源电荷的电场已经传播到另一个电荷所在的位置，那么另一个电荷也能瞬间感受到。

如果源电荷是突然间出现在试探电荷数光年之外的，那么试探电荷如何运动？答案是，试探电荷需要在数年之后才会感受到从源电荷处传播过来的电场，即放置源电荷的瞬间试探电荷并不会运动起来。

07. 金刚石是碳在高压高温的情况下形成的，那能否在一个地方堆放几十万吨的碳，然后引爆一颗氢弹，造出许多金刚石？

恭喜你找到了新的合成金刚石的办法！其实金刚石的爆炸合成技术思想早已被提出并在生产中得到了应用。与静压法在相平衡线附近的缓慢生长不同，爆炸法由于反应时间很短，体系主要处于成核过程，晶体生长的时间太短，因此形成的大多是小颗粒的微晶或聚集形成的聚晶体。与纳米金刚石其他合成方法比如水热合成、离子轰击、微波等离子体化学气相沉积相比，爆炸合成技术的反应速度更快、效率更高，能节省能源，目前已成为纳米金刚石的主要工业生产方式之一。

早期采用的爆炸合成技术是爆炸冲击法，以石墨为前驱体，通过炸药爆炸产生的冲击波压力及在其压力下产生的高温，使石墨发生相变，转变为金刚石。由于爆炸冲击法有得率低、回收率低、不稳定的缺点，后续发展了爆轰合成法。爆轰合成法是以含碳炸药为前驱体（通常采用TNT和RDX炸药为原料），在爆轰瞬间的高温高压条件下，利用负氧平衡炸药中在爆轰时没有被氧化的碳原子，经过聚集、晶化等一系列物理化学过程，形成含有金刚石相的纳米尺度碳颗粒集团。用氧化剂除去非金刚石的碳相，就得到纳米金刚石。这种技术被推广到多种纳米材料的研究中，如纳米石墨、纳米氧化铝、纳米氧化钛、纳米氧化铁、碳包纳米金属、纳米氧化铈、纳米锰酸锂以及锰铁氧体等。所以这个想法是可行的，只是氢弹就不必要啦。

“物理墙”上的问题都回答完了，同学们还是不停地举手，不过物理君胸有成竹，再稀奇古怪的问题也都耐心地给同学们解答得明明白白。老师很是惊讶，不知道物理君到底是什么来头，这才想起来之前物理君提到也有问题想问。“现在可以说了吧，你到底要问我什么呢？”物理老师终于也找到机会问物理君。

“我想去悟理学院，但不知道该怎么去。”物理君实话实说。“这可巧了，这问题的答案就在你刚刚回答过的问题里！”老师说着递过来一张公交卡，“你坐公交车到010数码城站下车，那里就是去往悟理学院的必经之路！”

物理君和老师握了握手，接过公交卡，和小猫一起踏上了下一段旅程。

解锁交通工具——公交车

01.坐在公交车后排，前面很近处有一根柱子，但为什么看车载电视的时候可以看到全部画面而不是被柱子挡住呢？

柱子明明就挡在你和电视的中间，为什么却能看到它后边的画面？也许你会想，莫非光发生了偏折？也许你脑海中会闪过一个词——衍射……

然而，这并不是因为光路的变化，造成这个现象的原因在于人有两只眼睛！

人的两只眼睛一左一右，这两只眼睛看到的画面是不一样的，而人的大脑会对两只眼睛收集到的信号进行处理，最终合为一张图。就好比你看双筒望远镜，两个小圆筒的画面会合成到一个大圆筒中。你可以做这样一个实验，用手指挡住你前方一个小物体或是某个物体的一小部分。然后，闭上你的左眼，很大可能此时你看它的确是被挡住了，这是因为大多数人的主视眼是右眼（因此右眼的近视度数一般比左眼高）。然后，闭上你的右眼，睁开你的左眼，你会发现被挡住的部分用你的左眼是可以看见的。

图像能够“偏移”的程度与你和图像之间的距离，以及遮挡物距离你眼睛的距离有关，并且还与遮挡物的大小有关。如果挡着的不是一根柱子而是一个体重三位数（单位为kg）的人，那么你就看不到他身后的部分东西了。

当然，如果遮挡物的密度非常非常大，大到成了一个黑洞，那么光将被引力弯曲，你便能看到它后边的东西了。

电子产品里的物理

（010数码城）

物理君刚下公交车，“喵呜！”薛小猫就急不可耐地扑了出去，物理君定睛一看，原来是路边的扫地机器人吸引了薛小猫的注意。这个扫地机器人看起来小小的，不过行动非常迅速，清扫过的路面光洁如镜，还能避开障碍物。薛小猫和扫地机器人玩得不亦乐乎，一直试图爬到机器人的上面，趁这个间隙，物理君认真打量起这座城市。

远处是一幢充满科技气息的大楼，巨大的楼体显示屏上有一个机器人播音员正在讲述机器人研发最新进展；街道上偶尔可见人形生物，大部分都是各式各样的机器人，甚至还有机器狗。

突然，一声兴奋的猫叫伴随着噼里啪啦的声音传来，“薛小猫，你又闯祸啦！”物理君出离愤怒，每次薛小猫这样叫都准没好事。一眼看去，扫地机器人支离破碎地躺在路边，指示灯已然熄灭，薛小猫正扬扬得意地举着一张闪闪发光的芯片。还未等物理君有所反应，整个数码城突然响起警报，“警报！警报！发现破坏者！”其他正在进行清扫任务的机器人纷纷摆出攻击姿态，街道上的各类机器人也都眼闪红光，向物理君和薛小猫的方向看过来：“目标锁定，予以清除！”各类机器人向物理君和薛小猫冲来，吓得物理君和薛小猫拔腿就跑。“死猫！待会儿再跟你算账！”“喵呜——”

经过一轮追逐，物理君和薛小猫被重重包围，迎面走来一个机器人，“远道而来的朋友，你破坏了我们城市勤劳的扫地机器人，这是很不礼貌的行为。但是我们遇到了一些问题，如果你们能帮忙解答的话，我们就会成为朋友；但如果解答不了的话，就永远留在这里吧！”

01.为什么鼠标在玻璃板上会失灵而在鼠标垫上不会?

机械鼠标下部有一个滚球，拖动鼠标时滚球转动，进而获得鼠标的定位。鼠标垫提供了一个较大摩擦力的平面，使得滚球的滚动不打滑，因此可以增加定位的精确性。

现在市面上的鼠标大多是光电鼠标，里边有一个发光二极管。二极管所发出的光会被鼠标接触的表面反射一部分，反射光通过透镜组后传输到光感应器件。当光电鼠标移动时，其移动轨迹会被记录为一组高速拍摄的连贯图像，被光电鼠标内部的一块专用图像分析芯片分析处理。该芯片通过分析这些图像上特征点位置的变化判断鼠标的移动方向和移动距离，从而完成对光标的定位。对光电鼠标来说，鼠标垫可以提供一个方便鼠标感光器系统计算移动向量的平面，防止玻璃等特殊材质的表面反射与折射影响鼠标的感光器定位。

02.为什么电脑出现乱码时总是显示生僻的汉字?

回答这个问题前我们需要了解中文编码的过程。计算机中的信息以0和1的二进制数的形式存储。为了将字符集中不同的字符与计算机可以接受的数字系统的数联系起来，需要建立一种映射（对应关系），并且一个字符集可以有不同的编码方式。例如，常见的字符集Unicode就可以对应不同的编码规则UTF-8、UTF-16等。不同的字符编码标准下，同一个字符会用不同的字节数对应。在编码和解码的过程中参照不同的编码标准或者字符集时，就会出现字符乱码的情况。

回到最开始的问题，乱码为什么往往是生僻的汉字？以常见的中文简体字符集GB-18030为例，该标准共收录了70244个汉字，但《现代汉语常用字表》中给出的常用字（2500字）和次常用字（1000字）加起来不过3500字。两者相比，乱码中出现生僻字符的概率自然更大。

03.请问二维码是什么原理？二维码会不够用吗？

简单地说，二维码就是一串字符。字符串按照一定的编码规则转换成计算机可以识别的二进制数。这些二进制数表现在二维码上就是黑白方块图案，黑色方块代表1，白色方块代表0。设备扫描二维码后就能根据编码规则解析出其中存储的字符串，并执行下一步操作。大家平时用手机App（应用程序）扫描二维码解析出来的往往是一个网址链接，但是App没把网址链接显示出来就直接跳转到这个网址了，所以大家会觉得扫描二维码很神奇。如果用手机上自带的扫码App扫描二维码，就可以看到二维码中存储的字符串究竟是什么。

经过前面的介绍，大家已经知道二维码本质上就是一串文字。如果不限制二维码的尺寸（二维码内黑白方格子的数量）的话，就不存在二维码是否会用完的问题。不同二维码的区别在于它们所存储的文字内容不一样，如果行列各25个方格的二维码用完了，那么我们可以使用行列各26格的二维码，以此类推，根据所要表达的文本的需要来设计二维码。如果限定了二维码的尺寸，那么其黑白方格的排列组合是有限的，理论上存在用完的情况。就以最大的规格“版本40”来说，其尺寸为 $(V-1)\times 4+21=177$，也就是 177×177 的正方形。仅从编码角度，最多能表示23624bit的数据，从这个极限来看，目前应该是用不完的。

04.手机防窥膜是什么原理？

手机防窥膜的本质就是一种类似“百叶窗”的光栅结构。百叶窗通过调节叶片转动和凹凸方向，可以有效阻挡外界视线。不同的是，手机防窥膜中的“百叶窗”是不能调节角度的，所以只有某些角度范围的光线可以穿过屏幕，而其他角度范围的光线则被阻挡，从而达到防窥的效果。

当然，由于防窥膜选择透过了部分光线，所以手机亮度肯定没有无膜的时候亮。此外，很多时候我们自己看手机的视线也不都是90°垂直屏幕，所以贴了防窥膜再看手机屏幕也不是特别方便。

05.电容器可以储存电，那它能不能被制作成充电宝？

我们都知道电容器可以储存能量。就以我们所熟悉的静电电容器（例如课本上的平行板电容器）来说吧，静电电容器的特点是充放电极快（功率密度大），循环次数非常高。但它有两个很明显的缺点：一是能量密度太低（储存不了太多能量），所以要达到现有充电宝的储能水平，静电电容器的体积会非常巨大；二是充电宝可以在一定时间内持续不断地给手机或者给其他电器（LED灯、小电风扇）提供能量，静电电容器瞬间释放能量的特点决定了它不适合被做成充电宝。

以上说的是静电电容器，而现在研究得比较火热的是超级电容器。超级电容器是介于静电电容器和电池之间的一种储能器件，有静电电容器快速充放电的特点（但充放电速率比不上静电电容器），也有电池能量密度大的特点（但能量密度还比不上锂离子电池）。超级电容器已经在一些交通工具上有所应用，比如用于汽车上的能量回收装置，可以在汽车减速时回收部分能量。但是受现有技术的制约，目前超级电容器的能量密度和充放电性能决定了它代替电池来制作充电宝还有很大距离。

06.大风真的会影响Wi-Fi信号吗？

一般认为，大风不会直接影响Wi-Fi信号的传播，因为Wi-Fi信号本质上是电磁波，而风是空气密度分布不均匀形成的，电磁波的传播速度受空气的影响很小，几乎可以忽略不计。

根据麦克斯韦方程，电磁波传播速度（光速）依赖于介质的电导率和磁导率，真空中的光速是目前自然界物质运动的最大速度，空气介电常数非常接近于真空介电常数，一般情况下，认为真空和空气中的光速差异不大。空气由于密度改变引起的介电常数变化较小，对Wi-Fi信号的传输影响较小。

但是本着科学严谨的精神，需要指出，大风在极端情况下可能会摧毁室外路由器或者路由器连接外网的线路，从而影响Wi-Fi信号的收发，进而影响Wi-Fi信号。

而在下雨天或者下雪天，如果手机用数据流量联网，我们倒是常常会明显地感觉到网速的下降。这是因为下雨天空气中弥漫着大量的水分子，能够吸收基站发射的电磁波。同时，当雪花或者雨滴的线度合适时，会发生较强的散射，使得定向传输功率变小，影响信号传输，这种情况对电磁波的传播影响较大。

07.手机快充是怎么一回事?

电池可以看作一个游泳池，大小是固定的，想快速充满电，自然而然要考虑增加充电功率（灌水的速度）。起步阶段，快充技术可以分为两大类：高压小电流与低压大电流。

高压小电流，即进水管道粗细固定，想快点灌满水那就只能增大水压，用更大的“力”来把水更快地“压”进游泳池。想象一下，用力推注射器的时候，针头喷水的速度是不是更快呢？低压大电流则是，水压固定，那么只能增粗水管，从而在相同时间内灌进更多的水。

部分手机采用的是“增大水压”的模式。这种快充方式绕开了数据线对电流的限制，副作用便是降压过程在手机内部进行，会给手机带来比较大的充电发热问题。

另一部分手机则采用“增粗水管”的模式，通用的Micro USB不支持大电流，部分厂商就从充电线开始整体定制自己的充电系统，使其支持大电流，这样的好处是将发热严重的部分从手机机身转移到了充电头上，副作用就是失去了通用性。

后来技术不断发展，人们开始考虑高压大电流，并尝试统一各类充电协议。USB标准化组织提出了PD协议，技术上兼容了各大厂商的产品，并且PD3.0协议可以支持20V、5A的高压大电流。

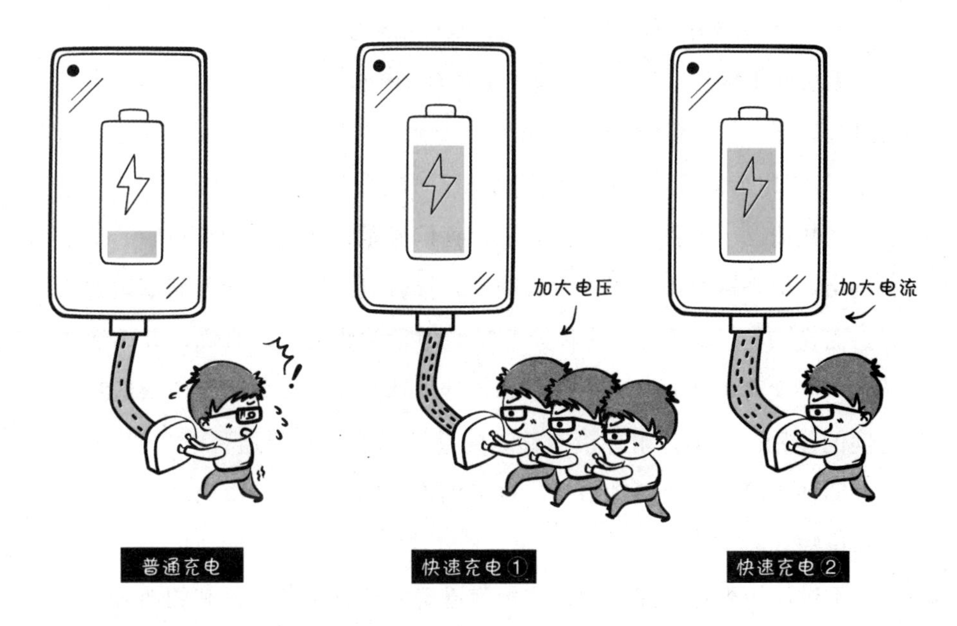

08.用旧的透明手机壳为什么会变黄？

透明手机壳大部分用的是TPU材料，中文名为热塑性聚氨酯弹性体。TPU是由二异氰酸酯与短链二元醇（扩链剂）反应形成的软段和二异氰酸酯与长链二元醇（聚酯多元醇或者聚醚多元醇）反应形成的硬段交替构成的线性嵌段共聚物。这种材料具有耐磨、防水、耐低温等优点，缺点就是在户外使用过程中，易发生泛黄、机械性能下降等光氧化老化现象。

TPU材料用久了为什么会发黄呢？有两个主要原因：一是长链二元醇分子链段上具有一定的不饱和键，其制成的TPU材料中残留的不饱和键受空气、温度、日光等因素的影响会被逐渐氧化成醛、酮和羧酸，并进一步老化降解导致发黄；二是TPU材料使用了芳香族的二异氰酸酯，当受到光热等因素影响时，二异氰酸酯中的苯环结构就会被逐渐氧化导致发黄。

总之，老化变黄是TPU材料的一个特点，现在的技术只能延缓其变黄。

09.为什么手机没信号还能拨打110、120和119？

手机在正常开机后，会先检测是否有SIM卡，再搜索附近的运营商基站进行认证。是否有SIM卡，并不会影响到手机射频模块的正常工作。通俗来讲，SIM卡更像是与对应运营商基站“联系”的“门卡”。

多数情况下，我们的手机显示没有信号是说明周围没有对应的基站和网络。但是这并不妨碍手机射频模块接收到附近其他运营商基站的信号。而像110、120和119这种紧急呼叫电话的优先级比较高，并不需要认证网络就可以和附近可用的基站连接，通俗来讲就是，无所谓运营商之间的差别。例如，附近没有移动的基站，但是有联通和电信的基站，那么即使手机显示没移动信号，也可以连上附近联通或电信的基站从而拨通这些紧急呼叫电话。

不过，如果身处深山老林这种附近确实什么基站都没有的地方，按照刚才的说法，显然紧急呼叫电话也打不通……这时候就老老实实换个方法吧（比如卫星电话）。

10.手机中的信息是如何被删除的？

当我们点击了删除之后，手机里的照片等文件就“消失”了，但这并不是真正的删除，只是这些文件被系统用特殊的方法标记为“无用”，从而在文件管理器和各种App里不可见了。如果把手机中的文件想象为各种楼房，那么这样的“删除”就相当于没收了这所房子的房产证和土地证，这样当你打开手机找图片时，相当于你在寻找住的地方，而这个被没收了土地证的房子就被系统认定为“不合法”的“黑店”，不会让你看见。

当然了，仅仅没收了土地证并不改变这栋房子依然存在的事实。如果有坏人捡到了你的手机，通过一些特殊的技术手段，还是可以进入这所房子甚至找到你的隐私信息。同样，恢复出厂设置也不够安全，因为恢复出厂设置后的手机依然可以用电脑端的root软件恢复出照片。为了安全，可以在恢复出厂设置后，向手机中填满大文件再删除，反复若干次，相当于给没有土地证的地方发了新的土地证，并且推平了旧楼盖新楼，再推平再盖楼……这样隐私文件相当于被砸成碎砖块埋进地基里，无法恢复了。

11.无线充电是什么原理?

目前市面上的无线充电方式主要分为电磁感应、磁场共振以及无线电波的方式。下面来简单介绍一下这三种无线充电方式的原理。

（1）电磁感应无线充电

这种方式是目前手机等小型电子产品行业应用最为广泛的无线充电技术。这个充电系统由两个线圈组成，充电底座以及手机终端分别内置了送电线圈（初级线圈）和受电线圈（次级线圈），当两者靠近时，送电线圈内一定频率的交流电通过电磁感应在手机的受电线圈中产生一定的电流，从而将电能从充电底座传输到手机终端。电磁感应充电技术的主要问题是传输距离太短。

（2）磁共振无线充电

磁共振无线充电的原理是通过频率共振进行能量传输，能够一对多进行充电。其中磁振器由电容并联或串联大电感线圈构成，通过相同的共振频率来实现能量传输。相比于电磁感应无线充电，磁共振无线充电具有更远的传输距离，其技术关键在于调频使得送电和受电两个电路具有相同的频率。

（3）微波谐振输电

这种无线充电的原理是利用微波发射装置发射微波，由微波接收装置捕捉微波能量将其转换并调整，以得到稳定的直流电。微波谐振在三种无线充电技术中传输距离最远，但传输效率很低，且无法同时实现安全、远距离、高功率的无线能量传输。

12.为什么用来传递信息的无线电波能穿墙，可见光不行？

无线电波和可见光一样都是电磁波，不同的是两者的波长，相比于可见光，无线电波拥有更长的波长。实际上所谓的无线电波“穿墙”大部分都不是直接穿透墙壁，而是发生了衍射现象，即无线电波可以从屏蔽物的边缘绕过去，实现对阴影区域的覆盖，或是在建筑物内多次反射达到穿墙的效果。可见光也存在衍射现象。

在电磁波进入墙体内部时，无论是无线电波还是可见光，都会存在被材料吸收的现象，产生穿透损耗，这种损耗与电磁波的频率和材料的性质及尺寸有关。无线电波的波长长、频率低，这一范围内的电磁波在

穿透物质时不会引起材料内部电子跃迁等现象，因此材料对无线电波的吸收率比较低。而可见光光子的能量与电子能级的能量差在数量级上接近，可能引起电子跃迁等现象，导致材料对可见光波段的电磁波具有较高的吸收率，因此可见光就很难穿墙而过了。

13.主动降噪耳机为何会导致耳压不适？主动降噪耳机是否会损伤听力或者带来其他健康风险？

主动降噪耳机通过采样口或麦克风收集环境噪声，再通过主动降噪（Active Noise Cancellation，ANC）芯片处理后，生成一个相位差为180°的反相声波，通过耳机扬声器传播到人耳道。因为主动降噪耳机生成的声波与噪声相位相差180°，所以能抵消掉人耳本应听到的环境噪声，从而达到降噪的目的。主动降噪原理示意图如图所示：

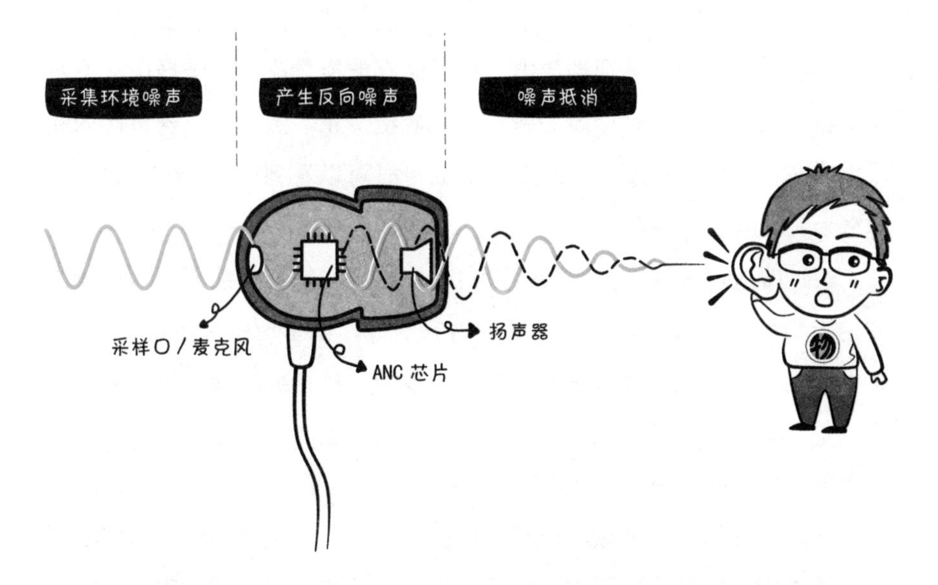

而主动降噪耳机引起耳压不适的原因可能在于其整体外形设计。为了保证降噪效果，主动降噪耳机外形上会更倾向于封闭式设计，这样空

气振动对耳膜的影响相对来说就会更明显一些，从而引起不适。这种影响也存在于一些封闭性较好的入耳式耳机上。

如果主动降噪耳机的算法和设计方面没有明显缺陷或延迟，那么它一定程度上对我们的耳朵是有保护作用的，但如果耳机产生的声波没能实现反向消除，就有可能会叠加在外界噪声上并且变得更加明显，这显然会对我们的耳朵造成伤害。当然，即使主动降噪耳机效果再好也不要长时间佩戴，生活中还有很多美好的声音值得我们去倾听。

14.特斯拉线圈真的能演奏音乐吗?

当然可以！传统的特斯拉线圈是利用变压器使普通电压升压，然后经由两极线圈从放电终端放电的设备，可以获得上百万伏的高频电压，相当于几十只皮卡丘。特斯拉线圈具体的工作过程如下：变压器为高压电容充电，打火隙放电形成LC振荡回路，初级线圈产生的交变磁场被次级线圈吸收，次级线圈顶端放电，体系储存的能量减少，谐振电流不足以维持等离子通道，打火隙关断，次级放电停止，然后变压器再次为高压电容充电。由于特斯拉线圈在终端放电时可以看到闪电，因此也可以称之为人工闪电制造器。

通过改造传统特斯拉线圈，人们制作出固态特斯拉线圈。这种线圈使用半导体代替打火隙，具有更高的灵活性，便于调制甚至播放音乐，其中效果最好的就是双谐振固态特斯拉线圈。特斯拉线圈每次放电都会造成空气的振动，当放电的频率改变时，空气振动的频率也变了，由此产生不同的音调。普通的火花隙特斯拉线圈是做不到的，想要演奏音乐，一般要用固态特斯拉线圈。控制特斯拉线圈的一个装置叫作灭弧器，灭弧器的作用是把供给线圈的频率给固定住，这样一来，基于驱动线圈的不同频率，我们就能听到线圈发出的声音了。把音乐信号输入灭弧器，灭弧器就会把音乐的频率传给线圈，我们就能听到音乐了，这可以称为真正的“电音”。如果不带灭弧器而空转线圈，我们一般只能听到很低的噪声。特斯拉线圈的谐振频率远超出人的听觉范围，大约在十万到百万赫兹的数量级。要想听到线圈的声音，只有改变其输出频率，或者用一个固定的频率干扰，这就是灭弧器在整个电路中的作用。

15.饭卡、门禁卡等射频卡是怎么工作的？这类卡片可以被复制吗？

射频卡的主体是一个芯片，芯片连着一个线圈。要观察这个结构，可以打开手机的手电筒功能，贴住饭卡，透过光线可以看到这种结构的影子。当然，小心拆开可以看得更清楚，网上就有许多拆卡教程。

饭卡和读卡器的通信本质上是两个线圈的互感。当饭卡靠近读卡器时，读卡器线圈发射的信号会在线圈中产生一个感应电流。这个电流既是一条询问消息，也是驱动芯片的电源。芯片通电的同时，收到询问消息，就可以做出应答，应答的信号通过线圈发回给读卡器，构成一个小巧的通信链路，完成超短距离通信。

复制链路本身并不困难，知道了饭卡芯片的型号就可以在网上买到相应芯片，线圈也可以找导线自己绕，困难的是解读通信的内容。现在的射频消息普遍经过加密，当密码的信息量比消息的信息量大时，理论上无法知道读卡器和饭卡在“说”些什么。

16.书店用来防盗的小金属片是什么原理？

小金属片是图书防盗磁条，也称EM防盗磁条，所用的材料主要是铁、钴、镍等金属材料。这些金属高温熔融时在压力的作用下从石英喷嘴高速喷出，在高速转动的低温轮盘侧边形成固态条状物（称为甩带）。从液态到固态的转变被控制在极短的时间内，得到的固体条带是非晶材料。当成分配制合理、制作工艺科学时，因此所得到的非晶材料会具有很高的导磁率，具有陡峭的磁滞回线。下页图为软磁材料的磁滞回线。

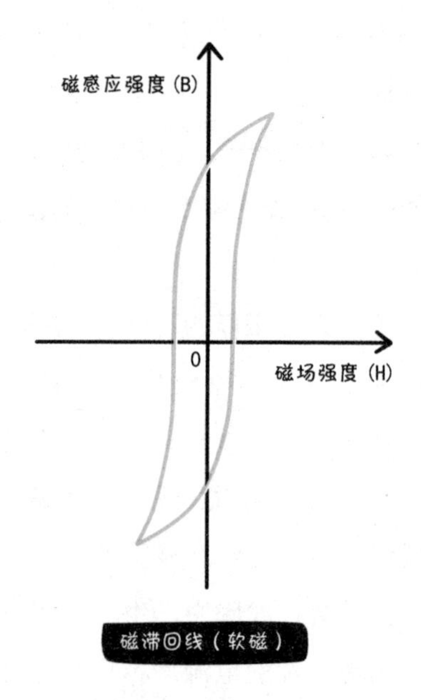

磁滞回线（软磁）

电磁波防盗系统的基本原理是通过交变磁场检测磁条的磁性变化来区分被保护对象是否带有磁条，从而达到防盗的目的。用检测天线（发射天线和接收天线）产生10Hz到20kHz的低频交变磁场进行检测，检测对象是附着在被保护对象上的磁条。当磁条位于发射天线产生的交变磁场当中时，其极性被周期性地反复磁化。由于磁条具有高磁导率和陡峭的磁滞回线，磁条中的磁通密度在外加磁场强度趋于0时跳跃变化（非线性特征），由此产生了以发射天线频率为基频的谐波，这些谐波被接收天线接收和处理，产生报警信号。

17.为什么有的电线里面是一根粗铜线，而有的是由很多铜线绞在一起的呢？

这两种线分别叫作单芯线（一根粗粗的铜线）和多芯线（很多细细的铜丝）。单芯线的强度大，抗拉力更强，不易被拉断，比较适合长距离布线；但单芯线也相对更硬，不容易弯折。室内装修布线经常会“九曲十八弯”，多芯线相对更柔软，方便弯折布线。

对于交流电来说，导线内部的电流并不是均匀分布的，随着与导线表面距离的增加，电流密度呈指数形式迅速衰减，导致电流集中在导线的表面上（趋肤效应），使得导线的电阻增加。就像双向8车道的大马路，趋肤效应导致来往车辆大部分都在靠两侧的4车道行进，而中间的4车道几乎空着，道路利用率大大降低，于是便很容易堵车了（电阻增大）。高频交流电下，由于趋肤效应的影响，单芯线中心部分电流密度很小，相当于有所“浪费”；而多芯线由于每一根导线丝都很细，相对而言“浪费”得很少。传输高频交流电的利兹线便是编织起来的多芯线，目的之一便是减缓趋肤效应带来的影响。

18. 干电池能充电吗？

现在所用的干电池一般是碱性锌锰电池。碱性锌锰电池放电时内部发生的反应如下：

正极：$2MnO_2+2H_2O+2e^- \rightarrow 2MnOOH+2OH^-$

负极：$Zn-2e^-+2OH^- \rightarrow ZnO+H_2O$

总反应：$Zn+2MnO_2+H_2O \rightarrow 2MnOOH+ZnO$

知道了干电池放电时发生的反应就可以回答干电池能否充电的问题。简单地说，给电池充电就是让电池中放电时发生的反应反向进行。给碱性锌锰电池充电并不能让放电时发生的反应完全反向进行，这期间会有副反应发生，比如发生电解水的反应，这就有可能使电池内部压力过大而破裂。当然，也有人尝试过用小电流给碱性锌锰电池充电，虽然也能充进去，但是不推荐这么做，容易发生事故。

19. 特效为什么要用绿幕，而不是辨别度更高的白幕，绿色有什么优势吗？

抠像的要求是纯色背景，纯度越高、背景越均匀越好，因此理论上来说红橙黄绿蓝靛紫任何一种颜色都可以做背景色，只要被抠像的物体上没有大面积相近色就好。当然，这个相近是对于计算机的分辨率而言的。另外，现时摄像机感光芯片采集的色彩是红、蓝、绿三原色，而红色服饰的演员和物体太常见，所以蓝绿两色常作为抠像背景色，由于绿色感光点较多，可采集的信息量也最大，因此被广泛应用于特效拍摄。

20.为什么把话筒头靠近并对准音响时会发出奇怪的噪声？

我们一般称这种现象为“啸叫”。在KTV或其他室内条件下，由于室内声学环境复杂，如果没有经过专业调音，音响系统打开后，音响效果则完全依赖音响系统自身，导致声音浑浊不清并且经常出现由于声反馈而引起的“啸叫”，甚至系统经常因此出现故障而停止工作。

传声器拾取的音源声波经过调音台、周边设备和功放进行放大后，由扬声器将声波送入声场，在这一过程中，音源的声波和谐波在声场中进行多次散乱的反射，一部分声波又重新进入了拾音的传声器。这部分重新进入传声器的声波又会经过调音台、周边设备和功放，再由扬声器送入声场中。其中一些频率的声波反射比较强，形成了循环放大，产生了“正反馈”，最终造成某一些频率声波被无数次放大叠加，逐渐积累从而产生“啸叫”现象，当我们把话筒靠近并对准音响时这种现象尤为明显。

反馈现象产生的原因如下：首先，扩声环境较差，建筑声学设计不合理，使场中存在“声聚焦”等问题，从而导致声场中声音信号的某些频率被加强；其次，扬声器布局不合理，演唱者使用的传声器直接对准音箱声波辐射的方向，从而使音箱辐射的声波经传声器循环放大，形成“正反馈”。除此之外还有一些因素，电声设备选择不当，比如所选传声器的灵敏度太高，指向性过强；扩声系统调试不良，有的音响设备处于临界工作状态，稍有干扰就会产生自激，从而产生声反馈。

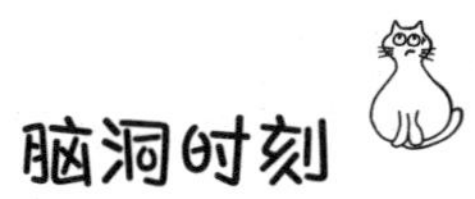

脑洞时刻

01.电脑用黑色的壁纸会比白色的壁纸省电吗?

这个结论并不唯一，要看你的电脑屏幕是哪种类型的屏幕。

现在大家使用的电脑显示器绝大多数都是液晶显示器。液晶显示器本身并不会发光，而是分为两个部分：液晶面板和背光模块。只要你不关闭屏幕，背光模块始终在发光，而透不透光由液晶模块控制，液晶模块中的液晶分子仅允许特定方向振动的光通过，有光通过的像素点就是亮的。

主流的液晶显示屏技术分为三类：TN（扭曲向列型）、IPS（平面转换型）和VA（垂直排列型）。区分它们的方式很简单，一般来说，TN屏可视角度较差，如果不是正对着屏幕的话，看到的屏幕颜色会失真；而VA屏和IPS屏可视角度会大很多，屏幕看起来更加均匀。TN屏上的液晶分子在不加电压的情况下呈现螺旋状，正好允许光通过，此时屏幕上对应的像素点是亮的；而在施加电压后，液晶分子变成同一取向，此时对应屏幕上的像素点是暗的。所以，如果你的电脑屏幕是TN屏，黑色的壁纸会比白色的壁纸稍微费一点电；而VA屏和IPS屏幕正好反过来，液晶分子默认不通电的情况下不让背光通过，屏幕是暗的，所以使用黑色的壁纸会稍微省一点电。

02.投影仪长时间投影在白墙上，白墙会变黑吗?

办公室或者家用的投影仪里面灯泡的发光功率一般在200W左右，如果不计损耗，灯泡发出的光均匀照射在$2m^2$左右的白墙上，那么白墙表面辐照度为$100W/m^2$。要知道，晴天的海平面最大表面辐照度约为$1000W/m^2$，而白墙表面辐照度仅为其1/10，阳光尚且不会把白墙晒黑，那么投影仪就更不会把白墙“晒黑”了。不过实际生活中确实存在利用光线改变物体材料表面颜色的例子，比如工厂里广泛应用的激光打标机。将几十瓦功率的激光聚焦在毫米见方的区域，就可以在材料表面引发热效应，从而在金属、塑料、涂料等表面蚀刻出想要的花纹，或者诱发化学反应进行着色等。

03. 电视画面是由一个个色块构成，人眼接受画面也是用一个个细胞，为什么不会出现摩尔纹?

用数码相机（或手机）直接拍摄电脑、电视的画面，拍出来的照片会出现“魔性”的条纹，干扰我们看清照片的内容，这就是摩尔纹。摩尔纹是由两个周期性图案叠加在一起产生的，与差拍的原理相同，当两个图案的周期相近时，就会出现明暗变化。

电脑、电视的显示屏实际上是靠无数微小的“像素”来显示图案的。这些显示单元整齐地排列在一起，具有周期性结构。而数码相机的感光芯片也是由一个个感光单元整齐排列构成的。如果屏幕像素在相机内成像的周期和相机感光单元的周期相近，就会出现摩尔纹。

人眼视网膜也是由一个个感光细胞排列构成的，其中能感色的视锥细胞不过400万（不如专业的相机），为什么人眼看屏幕不会看到摩尔纹呢?

首先，人眼视细胞的排布并不规律，没有明显的周期性。黄斑区集中了大量的视锥细胞，其他部位则较少。没有周期就不会与有固定周期的显示屏形成差拍，因此人眼看不到摩尔纹。

其次，人感受到的视觉信号经过大脑的处理，已经不是视细胞信号的简单叠加。人眼在看东西时不是固定不动的，而是在不断地调整视角，使视野中心最清晰的部分能覆盖更多面积；再由大脑把各个角度看到的图像进行合成、滤波等，最终得到视觉。在这个过程中，有些信号被加强，有些信号被减弱甚至忽略，并不完全对应光学上的原始图像。

“回答正确！回答正确！回答正确！”机器人不断对物理君的精彩回答做出反应。路上机器人的戒备眼看着也全都解除了。

“现在我们可以走了吗？”在回答完最后一个问题后，物理君一边抱紧薛小猫一边问，害怕它又惹出什么难以收拾的祸来。“两位朋友，”听见机器人对自己的称呼都变了，物理君紧张的心情也慢慢放松下来，“我还有几个关于屏幕的问题想要问问你。”机器人指指自己的头。

“没问题，其实我也想问问你怎么规划接下来去悟理学院的路呢！”物理君答。

“根据计算，取道光谷最近，我们数码城还可以提供飞机送你们到那边。”领头机器人的屏幕上出现一个笑脸。物理君表示了感谢，又拍拍薛小猫的头：“在飞机上我可要好好教育教育你，省得再惹祸！”

解锁交通工具——飞机

01.飞机的窗户为什么是椭圆的?

最初飞机的窗户并不是椭圆形的，而是和我们日常生活中看到的一样，是矩形的。但是随着技术的不断提高，飞机这种交通方式越来越普及，为了减小飞行阻力、降低油耗以及避免低压层的气流，飞机飞得越来越高，对此飞机内外也做出了相应的调整。比如对飞机内部进行密封加压，好让旅客在内部能够生存；将机身改为圆柱体，因为这样能承受较大的内部压力。但这反过来又会给内部空气和外界空气之间制造一个压力差，飞机飞得越高，这个压力差就会越大，因此飞机的机身会出现轻微的扩张，压力会使得机身材料发生形变。起初在进行这些调整时，工程师们并没有意识到窗户的形状有何不妥，依旧采用矩形窗户，直到发生了几起坠机事故，飞机窗户的形状问题才被重视。

由于机舱内压力很大，当窗户形状为矩形的时候，四个角上会发生应力集中，容易在内部产生裂纹，而飞机在飞行过程中承受着各种载荷，对机身的材料造成一定程度上的破坏。这些载荷和内部裂纹的共同作用会导致飞机机身材料断裂，造成事故。虽然椭圆形的窗户在一定程度上也会产生应力不平均，但是相比矩形来说已经好很多了。

所以飞机的窗户设计成椭圆形不仅仅是为了美观，更重要的是可以减弱材料应力集中程度，从而保证飞机的飞行寿命及乘客的人身安全。

02.飞机是怎么实现转弯的?

操纵汽车等陆上交通工具比较容易，利用方向盘控制前轮偏转即可实现方向的操控。而飞机在空中无依无靠，所以操纵的复杂性和难度就大得多。一架飞机的操纵，必须通过操纵机构控制三个气动操纵面（升降舵、方向舵和副翼）的偏转来实现。依据空气动力作用原理，三个气动操纵面的控制基本一样，都是改变舵面上的空气动力，产生附加力和相对于飞机重心的操纵力矩，达到改变飞机飞行状态的目的。

飞机转弯主要是通过方向舵和副翼来实现的。方向舵位是位于垂直尾翼后缘的可动翼面，一般可左右偏转30°。飞行员踩左脚蹬时，传动机构可使方向舵向左偏转。这时正面吹来的气流使方向舵产生一个附加力，方向向右，这个力与重心共同作用产生使飞机向左偏航的力矩，飞机飞行方向向左偏转。操纵飞机向右偏航的动作相反，但原理一样。不过仅操纵方向舵会引起侧向滑行，不能使飞机转弯，还必须同时操纵副翼。转弯时，飞机必须倾斜，也就是左右主翼一高一低。如果飞行员向左压驾驶杆，左边副翼向上偏，右边副翼向下偏。左副翼上偏使迎角减小，左翼升力降低；右副翼下偏使迎角增大，右翼升力增大。左右机翼产生的升力差相对于飞机纵轴产生一个横滚力矩，进而使飞机向左方倾斜，飞机实现左转弯。反之亦然。

03.进入机场的防爆检查，为啥要拿个“小纸条”在身上蹭一下?

一般情况下，如果接触过爆炸物，人身上通常会残留痕量的爆炸物颗粒，安检人员拿“小纸条”在被测人身上蹭一下，其实是在用试纸擦拭其衣服或行李，在擦拭取样过程中，如果被测人身上有爆炸物颗粒，就会被试纸采集到，然后安检人员将试纸放入探测器中，就可以判断被测人员是否接触过爆炸物或其他危险物品了。除了擦拭取样外，也可以进行吸气取样，这两种取样方式的检测原理是一样的。这种痕量爆炸物探测技术有能力检测和识别低浓度的气体，即模拟犬类的能力，所以也被称作“电子鼻”。

探测器内部的具体探测技术分为很多种。以较为成熟的离子迁移谱技术为例，在一定条件下，样品气体分子被离子化后，不同的离子通过电场的漂移时间各不相同，该技术利用这一特点，根据对漂移时间的测量来间接达到对样品的分离和检测，从而判断被检人员是否接触过爆炸物。

04.直升机悬停在半空中，过一天可以到地球的另一端吗?

不可以。物理学中常说，静止是相对的，在不同参照物下的“悬停”自然也不一样。我们一般提到的悬停都是相对于地面来说的，这个时候站在地面的我们虽然看到直升机悬停在半空中没有动，但如果你站到月球上去看，就会发现直升机是随着地球一起转动的，这与站在地面上不动的我们实际上随着地球一起转动是一样的道理。所以悬停的直升机不管过多久都会在原来所在地面位置的上方，而不会到达地球的另一端。

05.蚂蚁从飞机的巡航高度摔下来，如果不考虑氧气因素，它会死吗?

我们对蚂蚁进行一个受力分析：如果单独考虑重力因素，重力加速度取值9.8m/s^2，蚂蚁从万米高空掉落到海平面的位置大概需要45秒，最终的速度为441m/s，以这一速度落地的蚂蚁必定会死。

然而蚂蚁除了受到重力作用外，还会受到空气阻力及浮力影响。科学研究表明，物体的下落速度越快，它所受到的空气阻力也就越大。此外，物体所受到的空气阻力还与它的迎风面大小有关。

蚂蚁的迎风面在20mm^{2}左右，下落时受到的阻力比雨滴所受到的阻力还要大一点。一只蚂蚁的质量按0.05g算，根据$G = mg$计算可知，一只蚂蚁大约受到0.00049N的重力作用，当蚂蚁达到一定速度时，它所受到的阻力就会与重力保持平衡，这时蚂蚁的速度就不会再继续增加了。蚂蚁掉落时的平衡速度大约为6.4km/h。由于蚂蚁的质量小，撞击地面时的动能仅为0.00008焦耳左右，同时蚂蚁具有外骨骼和强韧的肌肉，可以承受很大的冲击力，因此这么小的撞击能量对蚂蚁产生不了任何危害。

救命啊！

光学里的物理

（牛顿光谷）

飞机平稳降落，物理君和薛小猫饱餐一顿后来到了牛顿光谷，道路两旁都是和光电产品有关的商场。首先映入眼帘的是一家灯饰城，外墙璀璨夺目的灯光表演吸引了物理君和薛小猫的注意。贪玩的薛小猫一溜烟地跑进灯饰城里转悠了起来。灯饰城不仅是灯的世界，更是光的世界，功能各异、造型精美的灯饰发出五颜六色的光芒，让人目不暇接。物理君带着薛小猫一路逛一路看，他们在灯饰城的中央发现了一个展厅。

这是一个关于电灯发展史和电灯种类的展厅，里面介绍了从白炽灯到荧光灯再到LED灯的电灯“进化史”。薛小猫不禁问物理君：“电灯的种类这么多，在这个灯饰城里就有几百种，琳琅满目，可你能概括出它们发光的原理吗？”“小猫，你也太小瞧我了吧，我好歹是个物理学在读博士呢，”物理君付之一哂，“电灯的发光原理自然就是电子的跃迁啦，这可难不倒我。”

这时，展厅的讲解员听到了物理君和薛小猫的对话，说：“刚好我们这儿有个有奖竞答的活动，奖品是往返100千米外新开的气象馆的高铁票，我看你们知识渊博，要不要来答几道题试试？”物理君大致扫了一下墙上的问题，都是光学方面的，虽然有的难度不小，不过都在自己的能力范围之内。“那我就来试着回答一下吧，”物理君胸有成竹地说，“献丑了，就从白光LED这题开始……”

01.白光LED是什么原理?

LED（发光二极管）是一种能够将电能转化为光能的半导体固体发光器件，主要通过半导体中的电子和空穴复合释放光子，但PN结发光也不能发出具有连续光谱的白光，所以需要多种发光芯片组合或芯片与发光材料组合发出白光。

从发光机理上来说，可以通过蓝光LED芯片激发黄色荧光粉实现白光，该方法技术成熟但是红光缺失，合成的白光较差，色温较高；或者用紫外光芯基色荧光粉共同合成白光，这种方法避免了红光不足的缺点，但封装工艺复杂且不同荧光粉微粒间还存在光的再吸收现象；此外，还可以用发射出三基色的多个半导体芯片进行组合发光等方法合成白光，但成本较高，控制电路复杂。

上述方法各有优劣，目前科研人员也在研究新的技术来实现白光LED，比如可以通过调节芯片结构实现白光发射，或利用可以产生多个颜色光的特殊荧光材料复合成白光等。

02.拍照时，为什么拍快速运动的物体时会拍糊?

拍照是让物体发射或者反射的光线落在胶片或传感器上成实像。为了使图像清晰，所有来自被摄物体上单个点的光必须落在胶片或传感器上的单个点上。例如，用手机给男/女朋友拍大头照时，希望从左眼反射的所有光都落在传感器的一部分像素点上，而从鼻子反射的所有光都落在另一部分像素点上。若来自面部不同部位的光落在传感器同一个区域的像素点，来自面部相同部位的光分散到了传感器其他区域的像素点，就会导致面部的每个部分都与其他部分混合在一起，无法区分，从而造成照片模糊。

假设你正在拍摄一个人的照片，而拍摄对象正在移动他的手。当快门打开时，相机会将来自被摄物体的光线导向传感器的特定部分。但是，由于手正在移动，因此来自新位置的手的光线会由相机导至传感器的其他部分。因此，来自不同位置的手的光线将最终到达传感器的不同像素点。这导致图像看起来像是被手涂抹了一样。

03.3D眼镜是什么原理?

人眼看东西能有立体感是因为两只眼睛的位置不同，看东西会有两个不同的视角。两个不同视角的内容经过大脑的“脑补”，就产生了立体感。3D电影拍摄时模仿了人眼，有两台位置不同的摄像机同时拍摄。放映的时候同时播放两台摄像机拍摄的画面，如果不戴3D眼镜直接观看，会发现电影有“重影”，这是因为两台摄像机的画面有略微视差。而3D眼镜则能够让左（右）眼只看到左（右）摄像机拍到的画面，从而形成3D的视觉效果。3D眼镜有红蓝眼镜、偏振光眼镜、液晶快门眼镜几种，最早出现的是红蓝眼镜。电影放映时，两幅画面分别是红色和蓝色，红色的镜片可以过滤掉所有的蓝光，蓝色的镜片可以过滤掉所有的红光，这样就可以使左右眼看到不同摄像机拍到的画面，从而产生3D效果。但是红蓝眼镜看到的色彩失真，体验不佳。后来出现了偏振光眼镜，镜片是一对透振方向互相垂直的偏振片。在放映时，两个放映机用振动方向互相垂直的两种偏振光将图像放映到银幕上，人眼通过偏振光眼镜观看，每只眼睛只能看到单独一台摄像机拍摄到的一个图像，这样也能产生3D效果。液晶快门眼镜则是利用视觉暂留的原理。放映机以极快的频率交替放映左右摄像机拍摄到的画面，液晶快门眼镜则以同样的频率切换，在放映左画面时只让左眼能看到，放映右画面时只让右眼能看到，这种眼镜产生的3D感最为真实。

04.如果人透过玻璃窗“晒”太阳，会被晒黑吗?

玻璃被发明的时候，人们看重它的特点是“透光性好”。这里的光指的是可见光波段。对于非可见光波段的紫外线，需要分类讨论。紫外线包含UV-A（低频长波，波长320～400nm）、UV-B（中频中波，波长275～320nm）和UV-C（高频短波，波长200～275nm）三种类型。其中，UV-C会几乎完全被大气窗口（臭氧层）所吸收，所以它们基本不会把人晒黑。UV-B也可以引起晒伤，但是普通玻璃的UV-B透过率很低，基本都被吸收掉了。UV-A在玻璃中拥有相当高的透过率（约75%），这部分的紫外线会引起晒伤或晒黑。不过，利用一些特殊的镀膜或处理工艺，可以制造出对UV-A也具有相对高吸收率的玻璃，比如汽车的挡风玻璃、日常生活中使用的墨镜，都可以一定程度上削弱UV-A的危害。

所以，这个问题的结论是，一般的玻璃虽然可以缓解晒伤，但是无法完全避免晒伤；只有使用带有防紫外线工艺的玻璃，才可以基本消除晒伤的风险。

05.为什么有些东西在阳光长时间照射下会褪色？

日照褪色是一个复杂的物理变化和化学变化过程。生活中常见的纺织品褪色现象相对来说更明显，但木头在长时间的光照下也会发生褪色或变色现象。

一些纺织物在日照下会褪色，可能与纺织物的染色工艺、染料在光照下的化学稳定性以及纺织物的物理性质及环境条件有关。特定的染料在一定波长的光照下会引起其有效成分的分解，外在表现为褪色。这种光照褪色难以避免，但可以通过改进染色及处理工艺、改变织物纤维的理化性质（如调节其酸碱性、含水量等）或加入一些耐日晒牢度提升剂等方法来抑制日照褪色过程。

一些经过染色处理的木材在光照下褪色，除了由染料发生化学变化引起，还因为木材成分的化学结构发生了显著变化。当然，未经过染色处理的木材也可能出现变色。在光作用下，木材表面组织结构变化，这是复杂的光化学作用，是一种光化学变色。这种变色既与吸收光的辐射有关，又与氧化有关。例如，落叶松的木质素在光照下经过一系列反应形成苯氧游离基，进一步反应形成苯醌，然后由苯醌形成发色物质。木质素以外成分的光变色则不是因为形成了某种着色结构，而是由于木材中还存在少量的抽提物，抽提物中的部分物质与木质素有相似的结构，在光照下发生氧化分解反应导致变色。

所以，物质在长时间日照下是否褪色或变色主要看其化学成分或理化性质是否发生变化，不同物质或加工工艺都会对这一过程产生影响。

06.荧光棒是怎么发光的?

玩过荧光棒的人知道，荧光棒刚拿出来是直直的一根，不会发光，需要将它弯折几下，让里面封装的固体破碎，才能发光。荧光棒塑料外壳里面的固体其实是一根中空玻璃管，玻璃管内有过氧化氢，玻璃管外有酯类化合物（一般是草酸二苯酯或它的衍生物）和一些荧光染料。当我们把玻璃管弄碎时，过氧化氢和酯类化合物发生反应会释放能量，而这部分能量会使荧光染料成为激发态，当荧光染料退激发的时候，就会向外辐射光。荧光棒所发出的颜色与荧光染料的结构有关。

07.为什么仔细看影子的边缘是模糊的?

这一物理概念称为半影。我们简单假设光源为点光源，而物体为一球体，那么由A引出球体的切线，所对应的阴影区（影子）和光照区域就区分出来了。而现实生活中不存在理想点光源，此时由于光源不再是点，那么引出的切线就会有内切和外切之分，这两种切线之间的区域就是半影区。相比于本影区和光照区域，半影区接受到部分光照，而且离本影区越近，亮度越低。这部分半影区就是我们看到的模糊的影子。

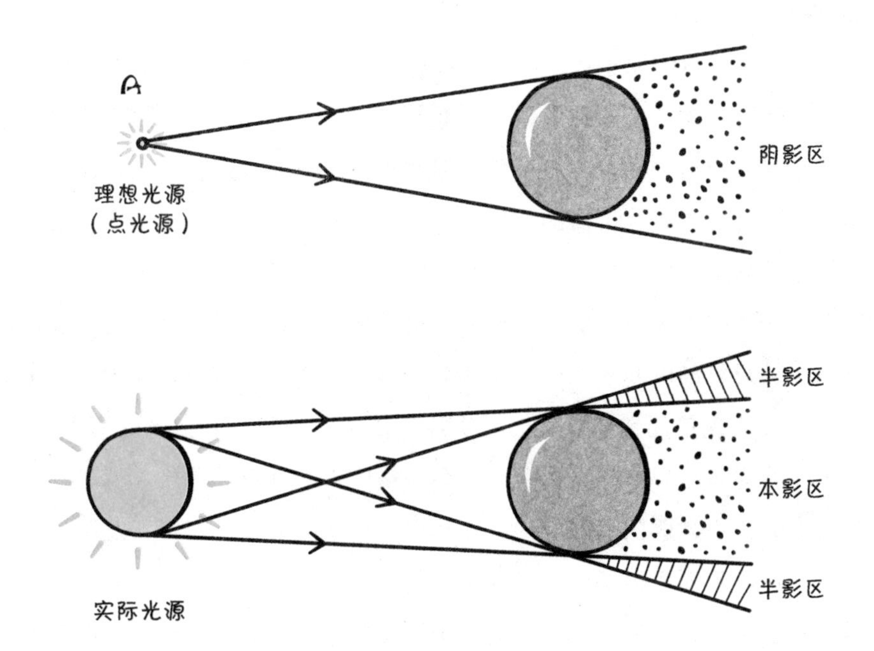

08. 有没有不含金属的镜子？

有，但是性能不一定好。

镜子的原理是镜面反射，需要镜子的表面足够平整。镜子的表面越平滑，镜子的性能越好。因此，制作镜子的材料需要满足一些性质：能方便地制出极为光滑的平面，且对可见光的反射率非常高。相当多的金属单质天然满足这两个要素，其中银、铝等金属在可见光波段的反射率接近100%。

除此之外，塑料、陶瓷（比如有些手机的后盖有的时候可以拿来照镜子）、玻璃（手机屏幕常常映出自己的脸）的表面，都具有一定程度的反光性能。虽然把这些材料表面做光滑的技术难度也不高，但是它们的反光率依然无法和银、铝制成的镜子相提并论。

09.单面镜的原理是什么?

单面镜（也叫原子镜、单向透视玻璃）是一种对可见光具有很高反射比的特种玻璃。一般的玻璃从两面都可以看到另一面的事物，而普通的镜子只有反射的功能。与一般的透明玻璃或者全反射镜不同，从单面镜的一面可以看到另一面的物体，从另一面却只能看到自己的像。这与玻璃上的镀膜厚度直接相关。以常见的普通透明玻璃为例，玻璃上不镀膜时，透射率远大于反射率，玻璃是透明的。可以通过控制膜的厚度使玻璃能够反射部分光的同时透过部分光线，合理控制玻璃两侧的光线强弱则可以实现单面镜的功能。在实际使用中，当身处有强光的房间时，因为光线充足，反射的光较多，便会在镜中看见自己的影像。反过来在另一面光线很微弱的房间里，虽然其房间里部分光线也可以穿过单面反光镜，但由于光度很低，所以强光房间的人无法感受到，只能看到自己的影像。由于强光房间的光线透过了单面镜，使得暗房间的人能够看到强光房间的情形，此时暗房间所反射的影像就被掩盖了。就好像在街灯的强光下，我们不能看见萤火虫一样，因为来自萤火虫的微弱光线被街灯的光盖过了。但当单面镜两边的光线强弱差异不大时，两边就都可以互相透视了。

10.为什么彩虹总是弯的，没有直的?

彩虹形成的自然条件需要空气中有水滴，观察者背对阳光，光以低角度照射空气中的小水滴，光在水滴之中经过折射和反射到达人眼中。不同颜色的光频率不同，其通过不同介质的折射率不同，频率越高，折射率越大，因此，白光经过折射可以形成“七彩”的虹。

一束光线经过球形水滴的折射与反射后存在一个角度偏差，根据斯涅耳定律和反射定律可以证明，偏差最小对应的角度范围内的光线是最集中的，即视觉效果显著。以红光为例，水滴折射出的光线与太阳光形成的夹角为42.52°。以人眼为圆锥点，太阳光平行的方向为高，42.52°为母线与高的夹角，光线形成一个圆锥面，由于眼睛无法区分距离，所以看到的是一个圆弧（其他角度由于光线的密度低，会发散）。

不同的光线，其夹角会有微小区别，因此会形成七彩圆形的虹。由于地面的阻挡，我们只能看到圆弧的一部分，即一个弯曲的拱形虹。

11.晚上去湖边发现灯光在湖面上的倒影被拉得很长，长度似乎与亮度有关，请问是为什么？

镜面之所以可以映出清晰的像是因为镜面很光滑。光射到镜面之后发生镜面反射，反射后的光只相当于入射光整体进行了转向，光线之间的关系并没有发生改变，所以眼睛在接收到光线以后就能看到清晰的物像。

另一种反射是漫反射。一般的墙面发生的是漫反射，反射光朝各个方向胡乱反射，所以光线里携带的关于物像的信息被完全打乱了，因此一般的墙面不能映出物像来。

水面介于两者之间：在大范围内，水面有褶皱，但是在小范围内，水面还是很平整的。所以经过水面的反射，人可以看到物的像；但是由于褶皱的存在，在大范围内看，物像还是有明显的失真。有的褶皱表现得像凹面镜，导致影像被压缩；还有的皱褶表现得像凸面镜，导致影像被拉长。这些因素综合在一起，就使水面倒影形成其特点。

12.物质燃烧过程中为什么会发光?

燃烧是剧烈的化学反应，是化学能转化为热能和光能的一个过程。物质的发热机理十分简单：燃烧过程中某些化学键被破坏，新的化学键重组，当总的新化学键能小于旧化学键能时，这个过程放出能量（燃烧一般是放出能量的，但是不能排除吸热的燃烧反应）。

一般燃烧过程中的发光现象与两种发光机制有关，一是热辐射发光，二是焰色反应。

热辐射是指物体由于具有温度而辐射电磁波的现象，一切温度高于绝对零度的物体都能产生热辐射，温度越高，辐射出的总功率就越大，短波成分也越多。热辐射的光谱是连续谱，波长覆盖范围理论上可从0直至无穷大，一般的热辐射主要波长范围为较长的可见光和红外线。

焰色反应是另一种常见的光学现象。特定的物质在燃烧的高温下，其外层电子被激发到高能级。这些电子在向低能级跃迁时会发出某些特定波长的光，当这些波长处于可见波段时，就会呈现特定的颜色。

13.为什么彩虹外面会有另一个颜色排列顺序相反的浅色彩虹?

彩虹外面那个颜色排列顺序相反的浅色彩虹叫作霓，也叫副虹。

雨后的天空有很多小水滴，它们起到三棱镜分光的效果。霓和虹都是阳光在水滴内经过多次折射和反射后形成的。不同的是，彩虹是阳光发生一次反射和两次折射形成的，霓是阳光发生两次反射和两次折射形成的。因为霓的产生多了一次反射，所以它的颜色排列和彩虹刚好相反，并且出现在彩虹的外围；也正因为多了一次反射，所以它比彩虹显得更黯淡一些。

14.光速是怎样被测量和计算出来的?

如何测量光速是一个很古老的问题，这里我们介绍一个简单又具有较高精度的测量方法：

1849年，德国物理学家菲索提出了旋转齿轮法。

他将一个点光源放在透镜的焦点处，在透镜与光源之间放一个齿轮，在透镜的另一侧较远处依次放置另一个透镜和一个平面镜，平面镜位于第二个透镜的焦点处。点光源发出的光经过齿轮和透镜后变成平行光，平行光经过第二个透镜后又在平面镜上聚于一点，在平面镜上反射后按原路返回。由于齿轮有齿隙和齿，当光通过齿隙时观察者就可以看到返回的光，当光恰好遇到齿时就会被遮住。从开始到返回的光第一次消失的时间就是光往返一次所用的时间，根据齿轮的转速，可以求出光运行的时间。通过这种方法，菲索测得的光速是315000km/s。下页图是不加透镜的原理图：

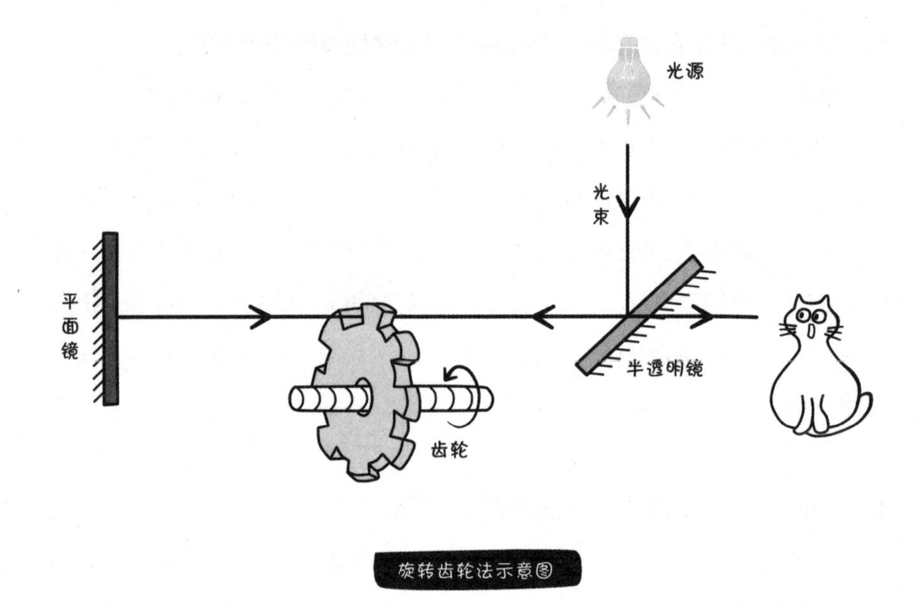

旋转齿轮法示意图

15. 光速可以被超越吗?

光速并不是“速度”的极限，现代物理学中有很多现象可能在数学形式上是“超光速”的，但是这并不能传递信息。

目前量子实验的证据表明，相互纠缠起来的一对量子比特发生量子退相干的时候，退相干的传递速度几乎是“瞬间的”，这也超过了光速。但是，退相干也不能传递信息，因为无论退相干是否发生，单次测量的概率分布都不会改变。

广义相对论中，因为时空或度规发生改变引起的“两点之间的距离的增加速度”也是可以超光速的，典型的例子就是现在宇宙学模型中的哈勃红移。这些遥远星体“远离”我们的速度，是有可能“超”光速的。这种现象来自宇宙的背景，也无法用来传递信息（无法改变）。

现代物理学界的认识是，无法超光速传递信息，光速是信息传递速度的极限。这个定律的正确性由实验保证，我们目前还没有观测到它失效的情形。

16. 激光降温分子，做功使得分子热运动减缓，能量去了哪里?

激光制冷中所使用的光子略低于电子之间能级间距，因为多普勒效应，只有光子电子相向运动的时候才会引起原子对光子的高效吸收。原子吸收了某个定向的光子后，电子跃迁到了能量较高的状态，并且速度被降低。接着，电子又向低能态跃迁，会重新释放出光子，但是这个时候释放出来的光子是各个方向随机的。所以整个过程让原子失去了原来的一部分动量，并让它随机变换方向加到原子上，以达到制冷的效果。这些能量实际上是又被原子以辐射的形式随机朝各个方向释放出去了。

17. 灯发出的光子碰撞在墙上后，墙为什么没有辐射出能量?

无论是墙还是灯，只要温度没有低到绝对零度，就会每时每刻永不停息地辐射出携带着能量的光子。这种辐射的强度在物体表面温度不太低的时候和物体表面温度的四次方成正比，辐射的峰值频率和温度会成正比，这种现象叫作热辐射。所以，不管灯发出的光子是否到达墙上，墙都会不断地向环境辐射能量。如果有红外线成像仪的话，把它对着墙壁，也能发现来自墙体的红外信号，这是因为墙体在对外辐射携带能量的红外光子。

那么灯发出的光子对墙到底有什么影响呢？光子在到达墙体之后就会被墙吸收，墙体吸收了光子之后温度就会升高。这就会让墙体辐射出更多的光子和更多的能量。这种吸收光而提高温度的现象在日常生活中几乎无处不在。不过，就算是受到了灯的光照，因为灯的亮度相对而言比较弱，所以墙体表面的温度上升得很少，辐射出来的能量强度只比没有接受光照的墙体强一点点，人类肉眼无法感知到这一变化。

18.紫色的光和紫外线有什么区别？为何紫外线可以消毒？

紫色的光和紫外线都是电磁波，区别在于两者的波长不同。紫色的光波长处于可见光波段，而紫外线，顾名思义，波长在紫色外面，超出了可见光波段范围。

紫外线比紫光波长更短，根据$E = hc/\lambda$（光子能量公式），紫外线相对紫光能量更高，因此在某些场合中可以用于消毒。紫外线主要对微生物造成（细菌、病毒、芽孢等病原体）辐射损伤，破坏其遗传物质，使微生物死亡，从而达到消毒的目的。紫外线对遗传物质的作用可导致键和链的断裂、股间交联和形成光化产物等，从而改变遗传物质的生物活性，使微生物不能正确自我复制或制造维持生命所必需的蛋白质，这种紫外线损伤也是致死性损伤。

19.黑体辐射与电子跃迁的本质分别是什么？

原子内部电子从高能级向低能级跃迁会产生光子，反映在光谱中是分离的谱线；然而热力学中黑体辐射又表现为连续的谱线。黑体辐射本质上是物质内部的原子或分子等的振动、转动等复杂的热运动产生的。温度越高，辐射的频谱越往高频移动。这与零温就固有的能带中电子的跃迁有着本质的不同。电子跃迁涉及带间的间隔和选择定则，因而会有一些显著分立的特征谱线；而黑体辐射来源于这种复杂的热运动，能量覆盖整个频谱，因而辐射看起来是连续的。当然，就本质而言，热辐射也是热运动的能级跃迁，它的频谱也不会是绝对连续的。

20.为什么有的玻璃会显蓝色？

蓝色的玻璃显蓝色并不是因为它吸收了蓝色的光，而是因为它吸收了其他颜色的光，仅仅让蓝光透过。以焰色反应为例，观察钾离子的焰色反应需要用到蓝色钴玻璃。钾和钠的化学性质类似，所以钾的化合物中往往会混有微量的钠，而这些微量的钠离子在焰色反应中会发出黄光，掩盖掉钾离子发出的紫光。蓝色钴玻璃能吸收钠离子焰色反应发出的黄光，而钾离子发出的紫光则可以透过蓝色钴玻璃，因此就可以观察到紫色的火焰。隔着蓝色钴玻璃观察钠离子焰色反应的火焰，因为黄光被蓝色钴玻璃吸收了，所以我们会发现原本的黄色火焰变成无色。另外，如果在黑暗环境下用红光或者绿光照射蓝色钴玻璃，可以发现玻璃显得发黑，不再呈现蓝色。这是因为环境中没有蓝光的成分，而其他颜色的光被玻璃吸收了。

21.金属和石墨的“金属光泽”是怎么产生的?

金属的光泽主要来自金属自身对可见光的高反射率。金属普遍具有对可见光波段的电磁波的强反射率，其中的缘由需要用固体理论和电动力学来解释。

金属内部有大量较为自由的电子。当然它们也并不是完全自由的，还受到原子核和其他电子的库仑作用。在外加随时间变化的电磁场（电磁波）时，金属可以通过改变自身电子的时空分布来抵消这一外加电磁场，还可以形成表面等离激元等。在抵消这些电磁波的时候，金属内部的介电常数（介电响应函数的实部）非常小，解电动力学中的麦克斯韦方程可以得到，金属的反射率会非常高（因为穿透不进去也没法发生损耗，电磁波直接被弹了回去）。石墨每层上也有大量的游离电子，所以和金属类似，也能反射可见光波段的电磁波，形成所谓的金属光泽，但是石墨反射率相对金属较低，所以整体呈黑灰色。

脑洞时刻

01 .为什么有的人照镜子时总觉得镜中的自己要比照片丑？

实际上，大多数人会觉得镜子中的自己更加好看。如果你觉得镜子中的自己比照片丑，可能需要思考这么几个问题：（1）判断一下照相的时候自己有没有化妆，毕竟化妆与不化妆的差别很大；（2）判断一下这张照片出自哪位大师之手，恰当的光线加上完美的角度，大师拍出了一张令你自己十分满意的照片；（3）判断一下照片是否经过处理，瘦脸、收鼻头、添发际线等，稍微修改就能令人心情愉悦。

另外，人们通常保存自己拍得比较满意的照片，即使拍了丑照大多也会删除，所以用来参照的照片很可能是无数张照片中自己最为满意的几张。

02.激光武器那么厉害，用它射向镜子会怎么样？

任何反射镜面都存在反射率，一般镜子的反射率约为90%，经过特殊工艺处理后可以达到99%以上。关于激光摧毁物体的程度，最核心的参数是吸收功率，这不仅与物体的表面反光率有关，与材质更直接相关。不同波长的激光会被不同材质吸收。所以激光武器是可以用镜子防御的，因为镜子反光率高；但是你无法保证镜子表面一尘不染，也无法保证镜子的材料是完美没有缺陷的，一旦镜面染了尘或者镜子材料内部有微裂纹等缺陷，高功率的激光必然烧毁击穿镜子。

03.一个以光速运动的人，他看到的光也以光速运动，那他看后方的光呢？

由于目前世界上并没有以光速运动的人，本着科学严谨的态度，让我们尝试把地球上的某个人加速到光速，背着太阳发射出去，看看会发生什么。

除了刚开始发射时巨大推力造成的不适之外，太空之旅最初并没有什么异样。由于飞船动力充沛，如果假设飞船在自身瞬时静止参考系中一直稳定地以大约一个重力加速度（$10m/s^2$）加速，那么连太空失重都不会产生。

在飞船相对自身瞬时静止参考系加速度为a时，飞船相对于地球上观察者的速度v与时间t的关系是：

$$v = \frac{at}{\sqrt{1+a^2+t^2/c^2}}$$

所以在大约200天之后，飞船的速度将会达到光速的50%。此时，第一个相对论性的光学效应已经十分明显了，那就是光的多普勒效应。星体发出的光波的频率f_0与飞船接收到的频率f随光源与飞船相对速度v与相对角度θ的关系是：

$$f = f_0 \frac{\sqrt{1-(v/c)^2}}{1-v\cos\theta/c}$$

位于飞船前方的天体发出的光频率增大，颜色逐渐偏蓝偏紫（也就是“蓝移”），位于飞船后方的天体发出的光频率减小，颜色逐渐偏红（“红移”）。

与此同时，第二个相对论性的光学效应也逐渐显现，那就是相对论性光行差效应。由于飞船相对天体高速运动，飞船接收到的天体光线方向会与地面参考系中方向产生偏差。观察到的光线方向与飞船速度的夹角θ与地面参考系观测到的夹角θ_0和飞船速度v的关系是：

$$\sin\theta = \frac{\sqrt{1-\left(\frac{v}{c}\right)^2}}{1+\frac{v}{c}\cos\theta_0}\sin\theta_0$$

可以看出θ将随飞船速度v的增加而不断减小，所以观察到的星空并不是均匀的，而是在正对飞船速度的方向上更为密集，而相反方向更为稀疏。

随着飞船速度的不断增加，上述两种效应将会越发明显。所以一个无限趋近于光速运动的人，在地面参考系观察到处于他后方的天体，只要不是正后方（$\theta_0 = 180°$），在飞船参考系中最终都会因为光行差效应而到飞船前方来，也就是一个接近光速的人观察到的星空，是正前方一小块区域内密集排布许多天体，产生极其亮眼的光，而后方的天空几乎空无一物；而对于恰好处在正后方的星体发出的光，将会因为多普勒效应，频率逐渐降低，最终从可见光变为红外线，从观察者的视野中消失。

讲解员小姐姐听着物理君的回答，不住地点头，在答完最后一题后，讲解员笑盈盈地说："恭喜你，获得了这次有奖竞答的冠军！"说着拿出两张高铁票递了过去。物理君刚要接过来，讲解员突然想起来了什么："对了，我这里还有几道奖励问题，要是能回答上来，还加送气象馆的参观门票两张！"物理君成竹在胸："我接受你的挑战！"薛小猫在一旁挥舞着猫爪，为物理君加油助威。

这些问题完全没有难倒物理君，拿着高铁票和气象馆的门票，物理君带上薛小猫，迫不及待地来到高铁站，准备前往新落成的气象馆一探究竟。

解锁交通工具——高铁

01.为什么以前的火车轮子和轮子间会用一个“铁条”连接起来?

火车的轮子和轮子间的“铁条”实际上是一种连杆机构，属于平面四杆机构，是火车发动机的运动机构，其主要功能是将气缸内气体作用在活塞上的力转化为曲轴的旋转力矩，驱使火车车轮转动。连杆机构是由若干刚性构件通过低副连接而成的机构，在生活中极其常见。连杆机构中有一个比较重要的概念——死点，即有效分力为零的点，在这个点上，无论有多大的驱动力都不能使之转动，因此火车的连杆机构也是多组机构错位排列的，从而使死点互相避开。

现在的高铁或动车为什么没有“铁条”呢？因为它们现在都是电力驱动，每个车轮都直接由电力驱动，当然就没有传动的必要了。

02.坐在高速行驶的火车上看轨道上的枕木是看不清楚的，但为什么头向火车行驶的反方向扭动的一瞬间能看清楚呢?

这是一个相对运动问题。在高速行驶的火车上保持眼球和头不动地看窗外的某一块枕木，这块枕木会在极短的时间内退出我们的视野。简单估算一下，假设火车行驶速度为50m/s（约180km/h），枕木间距约为0.5m，火车会在0.01s内经过两块枕木，小于人眼的反应时间0.1s。在火车行驶较快时，可能我们还没反应过来，火车已经经过了多块枕木，这就是我们无法看清枕木的原因。

但为了看清楚目标枕木，我们会下意识转头加上转动眼球作为辅助手段来尝试。这里也可以做个估算，0.1s内火车向前行驶5m，火车上乘客与观察的目标枕木距离约5m，假设乘客刚开始向前看，那么只要在0.1s内将视线转动60°就能清晰地看到某一块枕木。通过眼球转动辅助转头动作，这是很可能在某一瞬间实现的。

03.高铁上使用的“减速玻璃”的原理是什么？

“减速玻璃”其实就是“安全玻璃”，即两层钢化玻璃之间夹一层PVB（聚乙烯醇缩丁醛）胶片，具有保护车上乘客安全的作用，并没有“减速”的作用。“减速玻璃”的说法起源于20世纪50—60年代，是一些原来开卡车后来开小汽车的司机朋友，感觉小汽车外面的速度比卡车慢而创造出来的新名词。但实际上，“减速”主要是由于不同车型的车上人的视角不同，车本身的噪声、颠簸程度，玻璃的畸变性等因素引起的认知误差。一般来说，小汽车的前引擎盖比货车长，所以其视角小，转瞬即逝的路面出现的时间也就很短，所以相对来说“感觉”没有货车那么快。此外，在高铁上，由于车厢的密封性好，车体噪声小，减震能力强，车窗外近处没有遮挡物，远处的视角小，车窗视野大，景物的可视时间长，因此会有开得很慢的感觉。

04.为什么蚊子可以在高铁上自由飞行？

蚊子飞行时平均每秒翅膀振动594次左右，翅膀的不同运动方式产生的前缘涡流、后缘涡流以及翅膀转动产生的升力使之能够在空气中运动。蚊子飞行的力是其与空气相互作用产生的，而高速运行的高铁为避免速度过快导致的空气压强差，会密封整个车体，因此我们研究的对象就是蚊子、高铁内空气和高铁这三个物体组成的系统（假设蚊子初始状态为空中静止）。

（1）高铁启动时，假设空气与高铁同速度，此时蚊子竖直方面受到重力与空气升力的作用平衡，水平方面受到空气黏滞力（F，与速度的平方成正比）作用，使之有向前的加速度，其速度会不断增加。

（2）高铁匀速的时候，此时高铁和空气的速度都是均匀的，蚊子加速到与空气速度一致的情况下保持相对静止状态，此时蚊子可以自由飞行。

（3）高铁停下的时候，此时与启动过程类似，空气黏滞力使蚊子减速到零状态。

当然，如果蚊子在敞篷车上，它就会被流动的空气卷跑。

天气里的物理

（可桢气象馆）

高铁终于停靠在站台上，薛小猫还是一如既往地抢先跳下车，物理君在后面边喊边追："慢点慢点，等等我！"一出高铁站，物理君就看见一大两小的三个闪闪发光的穹顶建筑，那一定就是气象馆了。精力旺盛的薛小猫三蹿两跳，一转眼就跑远了。气象馆看着就在眼前，可真正走起来也不算什么近路，物理君热得直流汗，心想要是能有一点阴凉就好了。这个念头刚闪过，只见风云突变，不知什么时候飘来的乌云遮住了太阳，先是两道闪电，随后又响起了闷闷的雷声。"快跑！要下雨了！"物理君追上薛小猫，一把揽起它，拔腿就向气象馆加速飞奔。

刚进气象馆，还没等喘匀气，就听见外面下起大雨。物理君和薛小猫一边听雨一边参观了气象馆的每个展厅，大开眼界。终于来到气象馆出口，这里竖立着一块大大的留言板，上面写满了参观者的留言，物理君定睛一看，这上面还有不少问题呢！"喵呜——"薛小猫一爪拍在留言板的一个问题上——"为什么下雨前白云会变成乌云？"此情此景，物理君手痒起来，拍拍猫头："看样子这雨一时半会儿不会停了，不如我把这留言板上的问题都解答了，既打发了时间又传递了知识，小猫，你觉得呢？"

01. 为什么下雨前白云会变成乌云?

首先，我们需要介绍一下为何白云是白色的。我们所见到的云，无论白云乌云，本质上都是非常小的水滴，而我们所认识到的乌和白的区别，无非就是一大群小水滴的光学性质差异罢了。云滴或小水滴的直径和光波波长接近，此时小水滴会对所有频段的可见光进行散射，具有这种特征的散射被称为米氏散射。太阳发出的光线本来就是白的，而云对太阳光的散射依然可以保持各种频段（颜色）比例的相对均等，所以白云和太阳光的颜色是一样的。

那么为什么白云会在降水前变成乌云呢？这就涉及光在云滴中的总透射率的问题。首先，乌云通常比较厚。在降水前，云中液滴的数量会增加，云也会变得更浓厚稠密，更厚的云就可以吸收掉更多的光线，让更少的光线进入人的眼睛，这就降低了云朵的亮度。其次，在降水前，液滴会变大（在变成降水下落前），更大的液滴会引起更大比例的光吸收，这就改变了云的光学性质，从而让云变暗。

02. 为什么化掉的雪再次遇到低温就变成了冰而不是雪?

雪和冰虽然都是固态的水，但是从形成过程上来说，下雪和结冰还是有一定差别的。雪是天空中的水汽经凝华而来的固态降水，而结冰则是液态水凝固成固态的过程。水汽形成雪花需要满足水汽饱和和存在凝结核两个条件。在高空的低温环境下，冰晶生长所要求的水汽饱和程度比形成水滴要低，导致在高空中冰晶比水滴更容易产生，因而水汽饱和状态的空气在低温下，依附于空气中一些细小的固体颗粒上，就会形成降雪，这样我们就可以看到纷纷扬扬的“未若柳絮因风起”的雪花了。当雪花熔化后就会变成液态水，液态水在低温下形成固态的过程则被称为结冰。水由气态变为固态形成雪花，由液态变为固态则形成冰块，二者形成过程的差别导致了雪熔化后再遇低温形成的是冰而不是雪。

根据已知的两个条件，我们也可以创造一个环境来营造室内降雪。比如在18世纪的一个上层舞会中，由于室内人数众多（水汽含量很高），又点着很多蜡烛（燃烧形成的烟提供大量凝结核），室内闷热，一个男子打破玻璃，室外冷空气的进入使得大厅温度骤降，产生了一场室内的降雪。这在当时看来就像一场魔术，但当我们了解了这背后的物理知识时，也就觉得不过如此了。

03. 飞机播撒碘化银为什么会实现人工降雨?

首先我们要知道，高空中的云是否下雨，不仅取决于云中水汽的多少，还和云中凝结核的含量有关。于是人们就根据云的具体情况，分别向云体播撒制冷剂（如干冰、丙烷等）、结晶剂（如碘化银、碘化铅、硫化亚铁等）、吸湿剂（食盐、尿素、氯化钙）和水雾等。播撒主要方式有两种，一是飞机播撒冷却剂或催化剂，二是向云层开炮或发射火箭。

飞机播撒碘化银，主要是将细粉末状的碘化银撒进云层中，相当于增加凝结核的数量并干扰云中气流，从而有利于小水珠增大，改变浮力平衡，此时上升气流不再能支持水珠的飘浮，就形成了降雨。

当然，随着科学的发展，人工降雨也有了不少新的方式，如高压电技术（产生等离子体）、静电催化（人工降雨消除雾霾）、细菌技术等。这里就不一一探讨了，有兴趣的小伙伴可以自行了解。

04. 气凝胶密度比氦气还小，为什么不浮在空中?

因为你看到的气凝胶的密度不是它真正的密度，而是表观密度。比如某种叫作“碳海绵”的气凝胶密度是0.16mg/cm^3，大约是空气密度的七分之一，看起来它似乎应该飘浮在空中。我们先看看碳海绵的密度是怎么测算出来的：将碳海绵放在真空中称重，然后除以表观体积。问题就出在这个表观体积上，气凝胶内部有很多孔隙，表观体积反映的不是气凝胶的真实体积，因此才会出现密度比空气小的情况。如果知道气凝胶的真实体积，进而算出其真正的密度，就会发现它的密度还是比空气大。气凝胶放置在空气中时，空气会填充里面的孔隙，所以想让气凝胶飘浮在空中，就得让它真正的密度小于空气才行。

05. 臭氧的密度比较大，可是为什么地球的臭氧层不会下降呢？

臭氧层是大气层中位于平流层内的一个区域，主要吸收大量的紫外线辐射。臭氧层不会下降到地球表面（人站立的高度）的原因主要有两个：一是臭氧在常温常压下非常不稳定，会分解为氧气，且低层大气没有稳定的臭氧来源；二是平流层气流的稳定性。当然，最主要的还是原因一。

距离地面大约10～30km高度的气层是平流层，臭氧层主要分布在平流层的底部，其浓度为0.01‰，整个大气层平均臭氧浓度约0.0003‰。在平流层中，紫外线主要参与了两个化学反应：首先是紫外线将氧气分子离解为两个氧原子，该过程吸收紫外线，随后氧原子与氧气分子结合生成臭氧；其次是臭氧吸收紫外线分解为氧气分子和氧原子。反应过程如下：

$$O_2 \xrightarrow{\text{紫外线}} 2O，O_2+O \longrightarrow O_3，O_3 \xrightarrow{\text{紫外线}} O_2+O$$

在这三个过程中，臭氧分解时吸收的紫外线波长稍长。最终在紫外线的辐照下平流层形成了比较稳定的臭氧层，浓度维持在约0.01‰，其吸收的紫外线波长范围约200～315nm。虽然大气运动会将一些臭氧带到接近地表的区域，但其浓度已经远远低于臭氧层的浓度了。臭氧具有独特的鱼腥臭味，一般能被人感知到的浓度在0.0001‰，雷雨放电也会在低层产生臭氧，由于浓度低，我们感受到的就是空气的“清新”。

综上所述，低层大气自然状态下有臭氧的存在，但浓度很低；臭氧也可以随大气运动下降到达地表附近，但浓度很低；平流层气流较稳定，且紫外线不断辐照产生臭氧，臭氧浓度大，形成臭氧层，因此臭氧层看起来是一直待在那个高度范围的。

另外需要说明的是，紫外线频谱比较宽，400nm以下的均是紫外线；被臭氧层吸收的是对地球生物危害最大的那部分，被称为中波紫外线（UV-B），波长275nm ～ 320nm；200nm以下的紫外线主要被氧气吸收，320nm ～ 400nm的长波紫外线则到达地表。长波紫外线有益于皮肤产生维生素D，但过多照射则有害，所以假期出游享受日光浴的同时还要注意防晒，秋天的太阳也是很毒的。

06.是否可以释放大量臭氧来修补臭氧层空洞?

“女娲补天”是一个很好的创意，不过很遗憾，这个想法暂时不可行。形成臭氧层空洞的罪魁祸首是氯化物等卤化物，它们催化了臭氧分解，新闻里经常提的氟利昂便是其中之一。在南北极的上空，很多时候存在着非常强大的气旋。这些气旋就像一个罩子，导致极地上空的氯化物等一直待在极地，而且其作为催化剂在反应前后不会减少，有着“不死之身”，持续不断“进攻”臭氧，而地球其他地方的臭氧一时之间又很难前来支援，最终结果便是臭氧“弹尽粮绝”，形成“空洞”。

为什么不可以人工释放臭氧来“补天”呢？首先，制造这么多臭氧的成本太高了。其次，开动机器制造臭氧要消耗能量，制造“补天”的臭氧所带来的耗能，以及制造过程中可能会对自然界产生的新影响，例如大量的碳排放等，都很有可能会加剧温室效应等其他环境问题。再次，即使在对环境无伤害的情况下成功制造了足够的臭氧，也只是“补天”的第一步。臭氧层所在的平流层太高了，大约位于地表10km以上的地方（作为对比，一般中型民航飞机飞行高度是7 ～ 12km），想直接把臭氧送上去，堪称“难于登天”。最后，直接把这么多臭氧排到空气中等它们慢慢自由扩散上天，也是不可以的：臭氧会刺激和伤害呼吸道，损害神经中枢，在体内会导致细胞损伤，将会成为一个新的环境污染问题；而且臭氧在常温常压下非常不稳定，辛辛苦苦制造的臭氧很快就会分解为氧气。所以，综合考虑，目前暂不考虑释放臭氧来“补天”。

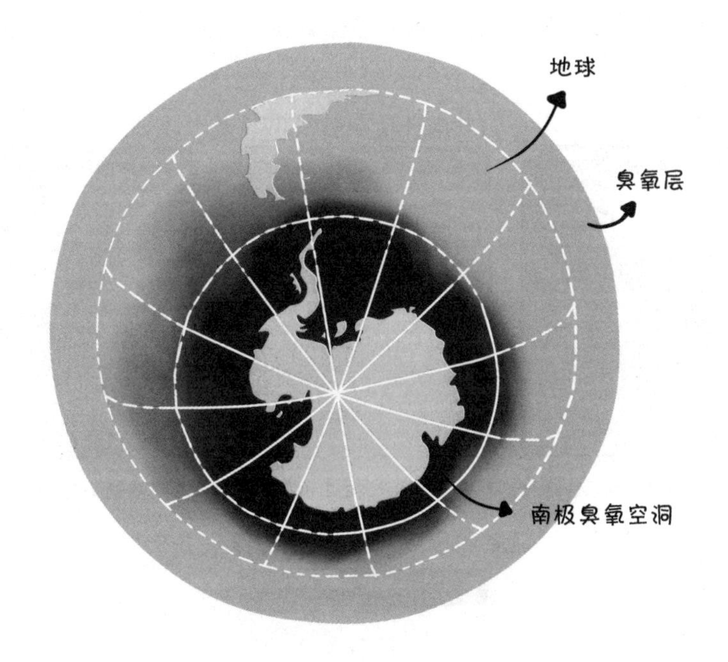

目前的“补天”方式主要如下：首先，应减少氟利昂等物质的排放，《蒙特利尔议定书》生效后，协议各国都采取各种措施限制其使用；其次，臭氧层的存在是一个动态循环的过程，依靠地球大气的循环，大气其他地方的臭氧可以支援到臭氧空洞处从而自然修复。地球母亲具有极强的自愈能力，相信并祝福她吧！

07.为什么闪电不是一条直线?

雷电形成的过程大体上分两个阶段。第一个阶段是先导的自由发展（先导的含义在后面会具体解释），先导的发展会建立起大地和雷云之间的导电通路。这个过程也会发光，但是比较暗，不容易被肉眼观察到（拍摄可能需要增强）。第二个阶段，也就是我们日常看得到的划破天空的闪电，实际上是天地之间异种电荷在已经建立的导电通道上发生的电荷中和过程，这一过程释放出了大量光子。所以我们所看到的雷电并不是“一束光”，而是在天地之间由先导探索（发展）形成的导电通路上的放电现象。

形成自由分叉的先导通路

电荷沿通路发生中和作用
放出大量光子

主通路形成，亮度最高

闪电形成示意图

雷电末梢（先导）前进的现象分析：虽然我们日常生活中感觉雷电几乎是一瞬间劈下来的，但是慢放时我们可以清楚地看到，雷电在打下来的过程中其末梢前进速度是远远慢于光速的。这是因为雷电推进的先导实际上是一团因为光子电子轰击或者高温电离所激发出的等离子体，等离子态的前进速度才是雷电的推进速度。

雷电末梢前进的物理机制：因为大气流体的不均匀性，先导的推进方向可能会偏离原来的先导前进方向。高温电离出的等离子体在放热后会激发周围新的等离子体，具体激发哪个方向的气体会受到环境扰动的影响。一旦新的方向上的空气被激发成等离子体，由于空气转变到等离子体这一过程伴随着电阻率极速下降，这个方向会一定程度上以“短路”来抑制别的方向上的空气-等离子体激发。

所以雷电先导前进方向的物理图像有一定概率沿着原来前进的方向，也有一定概率改变前进的方向。一旦主方向选定（被随机扰动选定），其他方向上所能分得的热能、电能、光能就会大幅减少。由此形成一条主放电通路，通路上的各个位置都有分叉开的末梢的先导图像。而最终的主放电过程，主要集中在这一条主放电通路上。

08.避雷针的工作原理是什么？

远高于建筑物的金属尖端，能够优先达到尖端放电条件并中和雨云所带的电荷，因此可以达到避雷的效果。尖端放电是一种物理效应，是指在强电场作用下，物体尖端发生的放电现象，其结果就是放电体电荷与雨云电荷中和。一般尖端处总有更大的电荷密度，且越尖电荷密度越大，电场越强。在雷雨天气时，雨云带有大量的电荷，当雨云在建筑物上方时会在建筑物上感应出电荷，雨云和建筑物感应出的电荷电性相反，这之间会产生出很强的电场，越高的建筑离雨云越近，物体越尖则尖端处的电场相对越强，这两个条件都使得建筑物更容易发生尖端放电。如果物体中的电荷不足以中和雷雨云中的电荷，或者发生尖端放电的电场强度很高，则物体多半会被强电场瞬间击毁，因此避雷针需要由金属材料制成，要尖，要置于建筑物的最高处，并且要与大地有良好的连接，这样一来，避雷针就可以优先达到放电条件，在电场不太强时就放电中和雨云电荷，同时，它与地面的良好连接可以提供大量电荷用于中和，从而保护建筑物不被雷击。尖端放电和电荷中和只是在不同的角度描述这个问题，没有对错的分别，由于避雷针优先与雨云放电，因此某种程度也可以说是“引雷”。

09.为什么天气预报上的台风都是逆时针旋转的?

因为我们的天气预报基本只报道北半球的台风。台风本质上就是高强度的低压热带气旋。之所以得名低压气旋，就是因为台风眼（下图灰色区域中心）处为低气压。这样一来，周围的空气就会朝着台风眼流动（空气会从高气压的地方流向低气压的地方）。

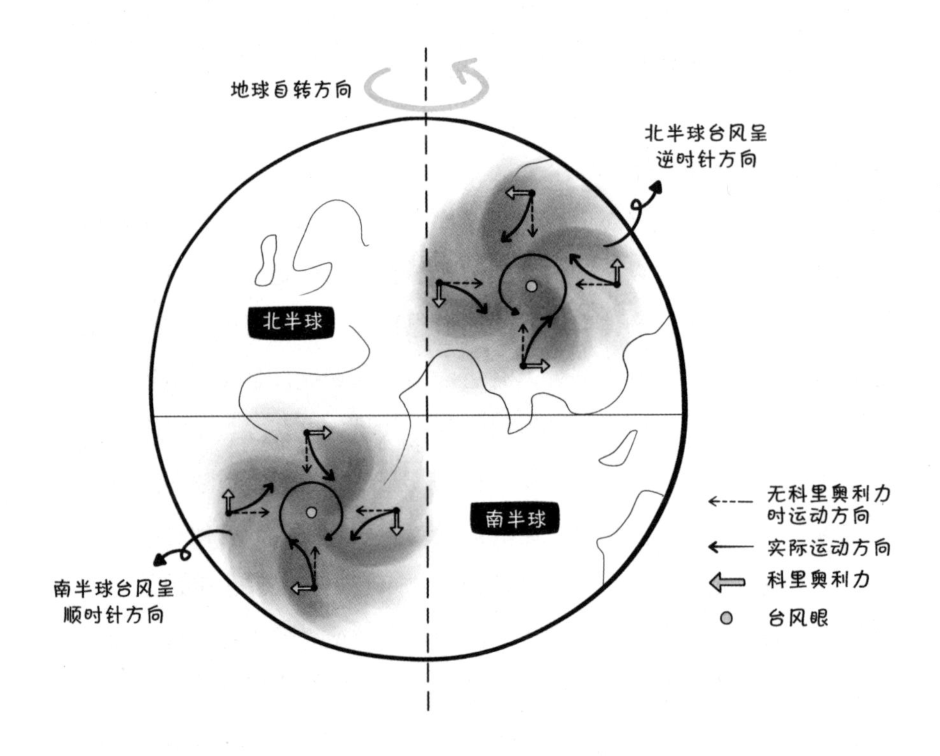

地球自转时，北半球所有运动的物体会受到右手方向的科里奥利力（如黄色箭头所示），这个力就会让台风产生逆时针的旋转。

如果低压热带气旋发生在南半球呢？南半球的低压气旋受到左手方向的科里奥利力，那么气旋自然就会朝着顺时针方向旋转了。

10. 下雨天蝴蝶都去哪儿了？

大多数生物在下雨的时候都要找地方避雨，蝴蝶同样会就近选择花草树木避雨，在叶片或花草的背面收拢翅膀避免被淋湿。蝴蝶翅膀表面上有微纳米级的鳞片组合结构和鳞片之间的空隙形成的气层，具有较高的疏水性并表现出各向异性的浸润性，水滴在其表面会沿着固定方向滚动，有效地避免身体被水沾湿。但身体不被沾湿不代表蝴蝶可以肆无忌惮地在雨中穿梭，一些大雨滴的重量对蝴蝶来说简直就是“生命不可承受之重”。所以，如果只是很小的毛毛雨，蝴蝶们还能在草丛间飞来飞去，一旦雨势变大，即使穿着“雨衣”，蝴蝶也必须找地方躲雨了。

11. 为什么踩雪时会有吱吱声？

我们稍留意就会发现，下雪之后比较蓬松的新雪地容易踩出声响，雪开始化了之后踩上去声音就不大了。因为新下的雪相对蓬松，内部有很多小小的空洞和缝隙，人踩上去的时候，人体的重量很容易把雪层压塌。内部空隙坍塌，相对大块的雪粒之间相互摩擦，就会发出吱吱声。相应地，雪被踩实之后就不容易踩出声音了。

12. 既然汽化需要吸热，那么根据热力学第二定律，当水温比周围环境温度高时，水还能蒸发吗？

与其说汽化需要吸热，不如说汽化会带走液体中的热量。液体汽化的物理图像是，液体中的分子在不停地运动，有的分子跑得快，有的分子跑得慢。跑得快的分子由于动能比液面分子的吸引力大，更容易突破液体表面跑出去变成气体，留下的都是一些跑得比较慢的分子。所以，蒸发就是高速分子跑掉低速分子留下的过程。从宏观角度看，就是液体温度越来越低。可以看出，即使液体没有和外界进行热量交换，分子依然可以突破液面束缚汽化。所以，水温比周围环境高时，水依然可以蒸发。

在生活中也经常能看到这种现象：尽管倒在杯子里的开水比周围温度高，但它依然在蒸发。这和热力学第二定律并不矛盾，根据上面的原理，汽化“吸收”的热量实际上是液体本身的热量，而不是周围环境的热量。

13.为什么晶体熔化时继续吸热，温度却保持不变？

分子的平均动能在宏观上具有温度的特征，所以当我们加热晶体时，在没有达到相变点的时候，外界提供的能量使晶体内分子热运动加剧，表现为整体温度升高；但晶体被加热到相变温度时，外界提供的能量将被用于克服分子间的各种作用力，破坏晶体的有序结构，使规则排列的分子无序化，晶体也就从固态变为固液混合态。这些能量转化为分子间的势能，因而熔化时晶体温度保持不变；而当晶体完全熔化后，外界提供的能量又继续加剧分子热运动，温度才会相应继续提高。

14.过冷水和过沸水的原理是什么？为什么突然改变液体环境就会导致其凝结或沸腾？

过冷水和过沸水分别是温度低于冰点的水和温度高于沸点的水。根据一般的热力学理论我们可以知道，系统总是偏好自由能最低的状态。但是对于一杯完全匀质且完全纯净的水来说，大自然实际上必须通过演化来找到这个自由能最低的状态。在寻找这个状态的过程中，我们可以想象，所有阿伏伽德罗常数级别的粒子必须从一个运动非常混乱的状态，通过自己的运动和粒子间相互作用达到一个非常固定的状态。这个过程非常难发生，现实中我们几乎看不到。这就是凝结或汽化过程需要凝结核的原因。

以水的结晶为例，晶体实际上并非一瞬间全部凝结，而是慢慢生长的。凝结核（各种各样的小颗粒杂质）分散在液体内部，周围水的结晶过程就不需要满足全晶体的匀质，只需要满足局部的匀质即可，这让结晶变得简单很多。

综上所述，在过冷和过热的水中，相变实际上需要一些杂质的辅助，改变液体环境往往会引入这样的杂质或者小气泡，这就会瞬间引起液体的相变。

15.水在4℃以下热缩冷胀，为什么是4℃呢？

一个标准大气压下（下同），水在0℃时有3种物态：冰、冰水混合物、液态水。给0℃的冰持续提供能量，可以变为0℃的冰水混合物，并最终变为0℃的水；如果继续提供能量，水的温度会升高。此外，水分子之间存在一种叫作“氢键”的相互作用，氢键具有方向性，使水分子的排列具有一定的距离和相对方位。

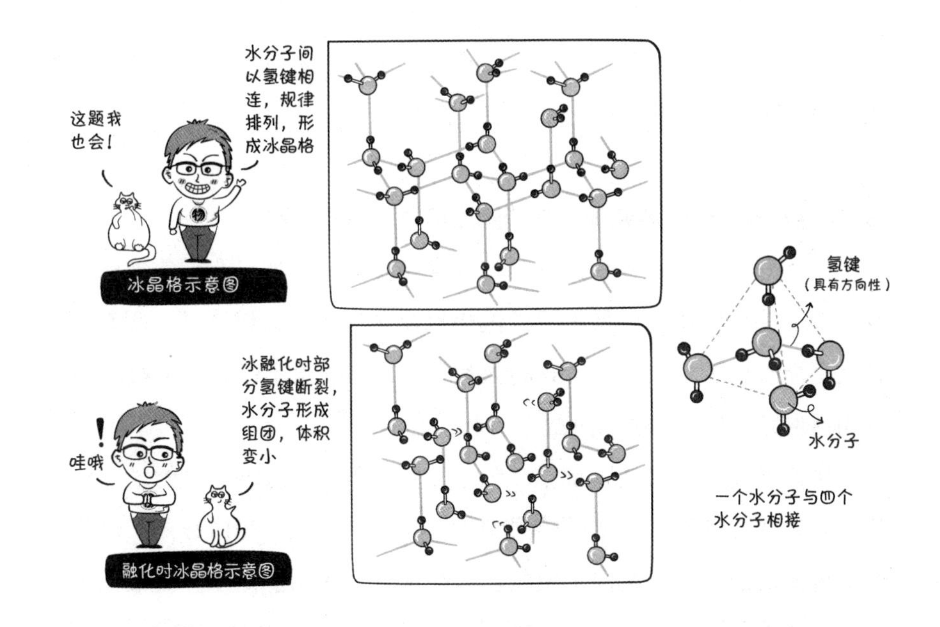

当水结成冰以后，水分子之间以氢键相连，形成冰晶格。由于氢键具有方向性，水分子之间排列得很“规矩”，就像大家一起做操时，需

要保持至少两臂的距离，否则会打到对方，水分子之间也有很大的空隙，这就导致了相同质量的冰比水体积更大。

冰的熔化热为6.02kJ/mol，氢键的键能（断裂1mol氢键所需要的能量）为18.8kJ/mol，断裂冰中氢键所需要的能量是熔化冰所需能量的3倍还多，说明0℃的水中存在大量的氢键。这些氢键使得水分子抱团，但是各个集团之间可以相互跑动，类似热身操结束，大家开始小组游戏，小组内依然保持合适的距离，但不同小组玩的游戏不同，小组之间没有距离限制，可以离得近一些，于是水的体积缩小。

继续注入能量，水开始升温，抱团的水分子之间的氢键也开始断裂，就像分为更小的小组，于是体积进一步减小。但是温度升高，水分子的热运动也加剧，类似天气很热，大家不想扎堆，这种因素使体积增大。热运动的加剧和氢键的进一步断裂两种过程相互竞争，在4℃时两种过程达到平衡；4℃以下，氢键断裂的过程影响更大，表现出热缩冷胀；4℃以上，热运动过程影响更大，表现为热胀冷缩。

16.常温下水为什么会变干，水的沸点不是100℃吗？

伟大的物理学家费曼说过一句非常经典的话：如果我们需要选出在几千年的物理学研究中最重要的成果以流传后世，大概就是“所有物质都是由微观粒子组成的，所有的微观粒子都在做永不停息的随机运动”。这句话也完美解释了这个问题。

无论温度有没有达到沸点（低于1个标准大气压时，水的沸点低于100℃），水分子们都会永不停息地做随机的热运动。每时每刻，总有一些靠近液面的水分子跑向了空气，这些水分子的动能足以挣脱液面的束缚（水分子之间的引力），而这些挣脱液面的水分子中的大部分在跑向空气后就不会回到液体内部来了。这就是为什么蒸发可以发生在任意温度。

如果空气中的水蒸气饱和，那么就不仅有时刻要跑出去的水分子，也有偶尔撞向液体的水分子，这些水分子让水变多（液化或凝结）。我们所看到的名为“蒸发”的宏观现象实际上是这两个运动过程竞争的结果。

所以，只要空气中的水蒸气不饱和，那么一杯静置在空气中的水就会因为跑出去的分子多、跑回来的分子少而慢慢变少。注意，此时这个过程只发生在液面处。而在液体的温度达到沸点的时候，这个气体—液体转变的过程会发生在液体中的任何一处，这也就是为什么沸腾的时候水干得更快。

17.冰块里那团白色的东西是什么？能消除吗？

夏天喝可乐的时候要是能加点冰块就更好了。平时我们在家做出来的冰块里总是有一团白色的东西，这种冰我们称之为“cloudy ice”（多云的冰）。冰中有“云”主要是因为以下三点：

（1）结冰前水中溶解了一定气体，如果在结冰过程中没有采取措施将这些溶解的气体排出，最后就会在冰中形成小气孔。

（2）如果冷冻速度太快，结冰过程中就会产生大量小冰晶，小冰晶间存在缝隙也会让冰块变“白”。

（3）结冰前水中含有一些无机盐杂质，这些杂质可以溶解在水中，但不能溶解在冰中，也就不会随着结冰析出。随着水逐渐由外向内结冰，这些杂质也逐渐被赶到冰块中心，最终形成无机盐的水合物，导致冰块内部看起来是白色的。

那么，我们只要在冰块结冰过程中针对以上几点进行改进，就可以消除冰块里那团白色的东西：结冰之前将水煮沸，尽量消除水里溶解的气体；结冰时控制结冰速度，不要过快降温，防止冰晶大量产生；用尽可能纯净的水，减少水中溶解的无机盐，让最后的成品更加透明，或者切掉中间那块白色的无机盐水合物结晶（切掉就等于没有）。工业制冰时为了保证冰块的透明度也会采取各种各样的方法，但也都是离不开这三点，只是手法可能更加高端罢了。

18.液态水要多深才能被水压压成固态？

我们先来看一下水的相图（注意纵坐标是对数），从相图中可以看出，如果想让常温下的水变成固态，需要大约1GPa的压强，那么我们就可以算一下大概要多深的水才能产生这么大的压强。

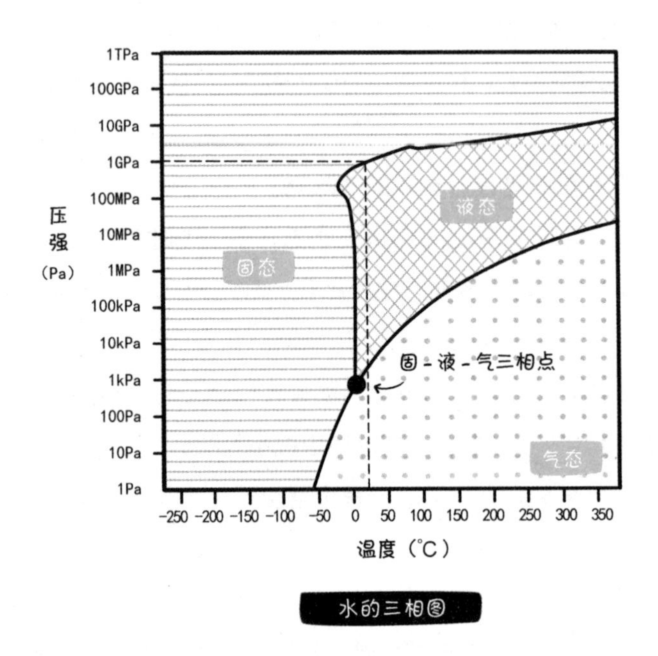

水的三相图

假设水的密度是$1000kg/m^3$，g取10N/kg，那么根据液体中压强的计算公式$P=\rho gh$可以知道需要10万米深的水。已知海洋最深处的马里亚纳海沟深1.1万米左右，也还远远不够，将液态水压成固态需要约9个马里亚纳海沟深才行。

要注意的是，上面仅仅是估算，实际上不需要那么深的水。因为水的密度会随着压强增大而增大，简单地说，就是水被压缩了。平时说水不可压缩只是在一些温和的条件下，在题目说的这种极端条件下，就要考虑水的密度变化。在0℃时，压强增加到1GPa，水的密度就已经超过了$1200kg/m^3$。

19.为什么水在流速慢的时候是透明的，而流速快的时候是白色的？

首先，这是由于你洗手的时候不认真，注意力都集中到水龙头出来的水那里了。其次，如果是纯净的水，透不透明其实与流速无关。即使流速再快（这里的快只限于生活中所能遇到的“快”），水也是透明的。那么生活中为什么水会有变白的现象呢？

以我们使用的水龙头为例，大多数水龙头在出口处都会有一个金属网格，用来过滤大的杂质（其实一般不会有）。当水低速通过这个网格时，大多是以接近层流的形式，简单来说，就是均匀地、一层一层地流动。这时空气不会进入水中，或者气泡较大不能维持在水流中，又或者由于表面张力气泡吸附在网格上，而流速较低的水无法将其冲下。总之，水内部的杂质较少，故仍呈现透明。

当水流较快地通过网格时，就会产生湍流，将空气“卷入”其中并将大的气泡“击碎”为小的气泡，此时水流中就会加入许多小气泡。那么这些气泡具体是如何使水变白的呢？

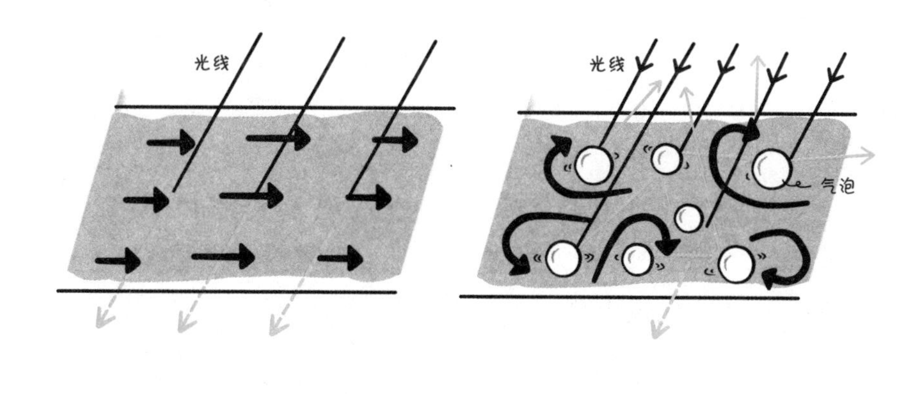

低速水流状态（层流）　　高速水流状态（湍流）

光在入射纯净的水后畅通无阻，直接透过，因此低速流动的水仍然是透明的。但如果水中有许多小气泡，光在气泡界面上就会发生反射、折射，导致出射的光的方向几乎是随机的。而由于多次反射、折射，造成“透明”效果的“直接透射”光也被极大地削弱了。

上页图给出了低速流动的水和快速流动的水界面上的光路图，实际上右边的光路会更加复杂。

激动人心的时刻到了，看到右边的光路，大家想到了什么？漫反射！

小气泡的加入使得水显得像是在进行漫反射，于是水就像一张纸，变成白色的啦！

再补充一点，其实问题的关键在于那个网格。如果把网格去掉，就会发现这种现象明显减弱了，如果这时还有少量气泡，则可能因为水龙头内部管道表面不平整。

脑洞时刻

01. 如果把地球冷冻一下，温室效应会缓解吗？

把地球冻一下，温室效应并不会缓解。这里我们简要介绍下温室效应是怎么回事。地球之所以可以维持在一个宜居的温度，除了太阳提供热量之外，大气还起着非常重要的保温作用，这种保温作用主要是依靠大气逆辐射来实现的。太阳光主要向地面输送短波辐射，地面被加热后以长波的形式向低层大气辐射热量，之后大气也被加热；从地面辐射到大气中的长波辐射一部分散发到外层空间，一部分则被重新反射回地表以保温，这就是大气逆辐射；大气中的温室气体如二氧化碳、甲烷等对长波辐射的吸收很强（比如二氧化碳分子吸收4μm波长的红外光），温室气体浓度升高会导致这部分本来要逃逸的能量被留在地球上，从而导致全球平均温度升高。工业革命以来，大气中的二氧化碳含量急剧上升，地球自身的碳循环系统没法处理这么多的二氧化碳，因此地面温度和低层大气的温度逐年上升；同时气候变暖导致海洋pH值减小（变酸），以沉积物形式存储在海洋中的二氧化碳又被释放，这种正反馈又加剧变暖效应。这相当于给地球穿了不断变厚的“棉衣”，短暂的冰冻可以“得一夕安寝”，但脱掉“棉衣”才能解决根本问题。保护地球环境，节能减排，你我都行动起来吧！

02. 可不可以利用地球的磁场发电？

答案是肯定的。我们已经知道了电磁感应现象：闭合电路中的一段导线在做切割磁感线运动时会在导线中产生感应电动势：

$$E=BLv$$

1992年，美国“亚特兰蒂斯号”航天飞机进行过一次利用地球磁场发电的实验：在距离赤道约3400km处发射一颗卫星，飞船与卫星通过一根约20km的金属绳连接，在飞船航行过程中进行切割磁感线运动，产生了约3A的电流。所以说利用地磁发电是可行的，但是实现有效率的转化还很遥远。地表最大的磁场强度约68μT，处于南极附近，若两人牵着10m长的金属线以正常跑步速度（3m/s）在此冰原上奔跑，会产生约0.002V电压，这么点电压可满足不了我们“一路火花带闪电”的想象。

03.无论闪电离我们多远，看起来都是细细的一条，闪电到底有多粗?

闪电是云和云之间、云和地之间或者云体各部位之间的强烈放电现象。闪电的直径可以通过“闪电熔岩”间接测量。闪电熔岩最初是一种玻璃长管，当闪电击中硅含量较高的地表区域后，巨大能量产生瞬间局部高温，就可能使这种玻璃长管在极短时间内有序熔融、汽化、吸附周围物质冷却，最后沿着电流通路形成闪电熔岩，因此闪电熔岩的形状多是长条状，和闪电的路径相近。

一束闪电的直径通常是2～5cm，图中所示的闪电熔岩直径也就1cm左右。而闪电开始形成时的导电通道（先导）直径一般在20cm左右，但是亮度较低，不容易观察。

物理君专心致志地解答着留言板上的问题，不知什么时候身后已经聚集了一批人。“本来还想在留言板上提问，现在看来不如就直接问你吧！”人群中有个声音说。还没等物理君答应，高高矮矮的手就举了起来。物理君见状只好又耐心地现场解答起观众的问题来。

“这位同学，看你年轻有为，有兴趣做我们气象馆的志愿者吗？”物理君循声看去，原来是志愿者招募处的工作人员。“虽然很想成为气象馆的一员，可我接下来还有一定要完成的旅途，”物理君回答，“不知道从这里到悟理学院要怎么走呢？”

“哦，原来又是一个求知者，那我就不挽留你了，还可以助你一臂之力！”招募负责人说，“我们和悟理号空间站上的天文馆合力研制了太空电梯，不过目前还在试运行阶段，如果你有足够胆量，欢迎一试！”

“科研人最不怕尝试，在我来的地方还没有研制出这样高级的交通工具，我不妨就做这第一个吃螃蟹的人吧！”物理君瞬间被激起斗志，跟着招募负责人走向太空电梯站台。

解锁交通工具——太空电梯

01. 在赤道上建一太空电梯，一人带着一卫星坐电梯升到地球同步卫星轨道的高度，打开电梯门，轻轻地将卫星推出去，人会看到卫星静止地悬浮于门外成为一颗同步卫星，还是会看到卫星掉下去?

卫星不会掉下来。这是因为它做圆周运动时所需向心力正好和它所受的引力大小相等，方向相同，也可以说此时万有引力正好充当了向心力，即$GMm/r^2 = m\omega^2 r$。地球同步卫星的运动周期与地球自转周期相同，那么由等式可知它必然与地球相距一个确定的距离。卫星的推进器做功不仅需要克服引力，还需要提供在轨道上运动的动能。我们假设真的可以造出一台电梯把你送到太空，在这一过程中克服引力的功由上升的电梯提供。由于电梯的升降通道是固定在赤道上的，所以整套电梯机械都在做和地球自转周期相同的圆周运动。因此，当你抱着卫星上去时，ω和r两个平衡的条件都符合了，它自然不会掉下去，所以你看它是静止的。事实上此时你也和它一样在做圆周运动，由于万有引力充当了向心力，所以你处于失重状态。

02. 如果在地球上搭一个足够长的梯子到月球，人能否慢慢地爬上月球，而不需要第一宇宙速度?（假设人可以一直爬）

空间电梯的概念最初出现在1895年，由康斯坦丁·齐奥尔科夫斯基提出。相当长的一段时间里，它仅仅只是一种科学幻想。虽然也有不少公司曾计划实施这一项目，但都未实现，事实上这一概念至今仍止步于设想，因为找不到一种合适的材料制造强度足够的缆绳。

这事到底有多难呢?

首先，月球与地面不是相对静止的，月球不能保持在地球一个固定地点的上空，因此无法做一个连接月球和地面的梯子。

退而求其次，这里提出两个备选方案。

方案一：月球上挂一个梯子，与地面不连接，这个梯子的底端随着月球跑，跑到你家门口你才能上梯（月亮一个月绕地球一圈，但很可能不会经过你家门口），或者你追着梯子跑（你需要日行八万里的速度）。由于地月之间的潮汐锁定作用，月球的自转、公转周期相同，始终以一面面向地球，这是这个方案的基础。

方案二：地球上挂一个梯子，上端与月球不连接，每天有一次与月球擦肩而过的机会（相对速度大概是28km/s），把握机会爬上去。

你们猜哪个容易一点？

上述困难通过转乘其他交通工具还是很好解决的，毕竟不能真的纯靠人力爬梯子。困难不在于爬梯子，而在于造梯子。现在就来算一下太空电梯到底需要多大强度。

这里要考虑两件事：单位质量（1kg）载荷在不同高度保持稳定所需牵引力，以及太空梯在不同高度所需比强度，即单位线密度（1kg/m）太空梯要抵抗“自重”（此处自重一词包括了地球、月球引力及“离心力”）在不同高度所需内力。

先看看方案一的情况。

这事比较简单，在地面上你把1kg东西提起来需要大约9.8牛顿的力，而离地球越远，受地球引力越小，物体就越“轻”。另外，考虑到它还要随着太空电梯绕地球转，还有“离心力”在帮你，在绕转角速度确定的情况下，“离心力”离地球越远也就越大。

其实即使是在地面上提重物也有“离心力”在帮忙，因为地球有自转。而方案一中太空电梯绕转速度是一个月一圈，远远小于地球自转的角速度，要到27倍地球半径的轨道高度才能提供相当于地球自转提供的“离心力”。

在越过了地月拉格朗日L2点之后，月球引力占主导，维持稳定就需要反向往回拽了。

这事就难了，要求比强度最高达到60GPa/(kg/m³)。如果1m太空梯质量为1kg，那这么长的太空梯要维持“自重”，其各部分所需承受的力量最高达到了6×10^7牛顿，也就是在地面上把6000吨的重物提起来的力量。直观一点，10根这种材料要提得起辽宁舰，而这种材料每米的质量只能为1kg。在材料、工艺固定的情况下，要提高强度难免也要提高线密度，而更高的线密度又需要更高的强度。

在低高度时单位质量物体自重（地、月引力与“离心力”合力）较大，而高高度时太空梯因需承担其下面更多太空梯的累积自重，所需强度更高。故可以在低高度少用材料减轻负重，在高高度多用材料加强强度。

再看看方案二的情况。

该方案中电梯绕转速度与地球自转同步，故达到地球同步轨道高度时“离心力”就能抵抗地球引力了，而再向高处走时，需要反向拉扯抵抗“离心力”。同样，每次靠近月球时要考虑受月球引力影响很大。

这个方案由于绕地球转动角速度太大，高轨道高度处巨大的“离心力”累积影响使得最高需求的比强度达到380GPa/(kg/m³)。

那我们现在手头上有多强的材料呢？目前最强的材料大约是一种比强度为7GPa/(kg/m³)的碳纤维，可以量产；已知更强但无法量产的应该是石墨烯和单壁超长碳纳米管，比强度能达到100～200GPa/(kg/m³)，这只是理论值。这两种材料的密度都超过2（单位是与水的相对密度）。

就算我们造出380000km长的石墨烯或者单壁超长碳纳米管材料，它最高也就大约提供100MPa/(kg/m³)的比强度，只达到要求的1/600。

总结：爬梯子不难，造梯子难。祝愿大家都能活到梯子建成的那一天！

天文里的物理

（悟理号空间站）

太空电梯的轿厢在缆绳上缓缓滑向高处，物理君目瞪口呆地看着从未见过的太空美景，感叹百闻不如一见，宇宙竟是如此浩瀚而深邃。“天文馆站到了，请小心下梯。”听见太空电梯的提示音，物理君才回过神来。电梯门打开，面前是一条通道，物理君和薛小猫穿过通道，不知道前方有什么在等着他们。

“欢迎来到悟理号空间站天文馆！”突然出现的声音吓得薛小猫奓了毛。物理君环顾四周，也没见一个人影，到底是谁在说话？

“我是空间站天文馆的人工智能引导员，接下来就由我带领你们开始宇宙之旅。”这个声音仿佛听见了物理君的心声，跟随着物理君的脚步回答。从窗户向外望，正巧有宇航员在进行太空行走，宇航员好像也看到了物理君，向物理君挥了挥手。

“本次参观之旅可开启互动模式，在此模式中我将与您共同体会学习天文知识的乐趣。开启请回应任意声音，不开启则请沉默。”智能引导员的声音再次划破寂静的宇宙空间。还没等物理君开口，只听“嗷呜”一声，原来是薛小猫耐不住性子叫了一声。“好的，在接下来的旅程中我将会向您提问，欢迎您从天文馆中寻找问题的答案。”

01.真空中有阻力吗？

关于真空有很多种定义，这里我们认为真空指的是没有空气分子。我们知道，物体在空气中运动时会受到气体分子的撞击，撞击过程中气体分子和物体交换动量，即空气对物体运动存在阻力。如果没有了空气，撞击也显然不存在了，相应地，空气阻力也没有了。

但是，没有空气分子就意味着没有任何物质了吗？答案是否定的。物质还有另一种存在形式：场。场同样可以和物质发生相互作用，表现出力的作用。比较常见的情形是发电机中的线圈在磁场中转动时会受到磁场施加的阻力，这种阻力将机械能转化成电能来发电。高端健身房里的动感单车常使用电磁阻尼系统来增加负荷，这也是电磁场提供阻力的一个例子。

02.研究地面上物体的运动时，为什么不考虑来自地球或者是其他星球的万有引力？

地球的万有引力当然要考虑了！我们所说的重力加速度$9.8m/s^2$，主要来自地球对地面物体的万有引力作用。对地面一切物体的受力分析都不会忽略重力。其他星球的引力作用一般与受力分析中的其他外力相比都过于微小，不占主导地位，如太阳的等效重力加速度是$6.0\times10^{-3}m/s^2$，月球是$3.4\times10^{-5}m/s^2$，其他星球更小，所以在一般的受力分析当中都会忽略这些力。

但在分析潮汐这样的大尺度地理现象时，太阳与月球的引力就起到了重要作用。随着太阳与月球引力方向的不断变化，同一地点的海水高度可以发生几米甚至十几米的变化，这正是由于月球和太阳的引力造成的，这时再对海水做受力分析，显然不能忽略太阳与月球的引力了。

03.重力加速度为什么随纬度的增加而增大?

假设地球是一个标准球体。当地球不转动的时候，地球任何一处的重力加速度都是一样的，等于地球对人的引力所能产生的加速度。

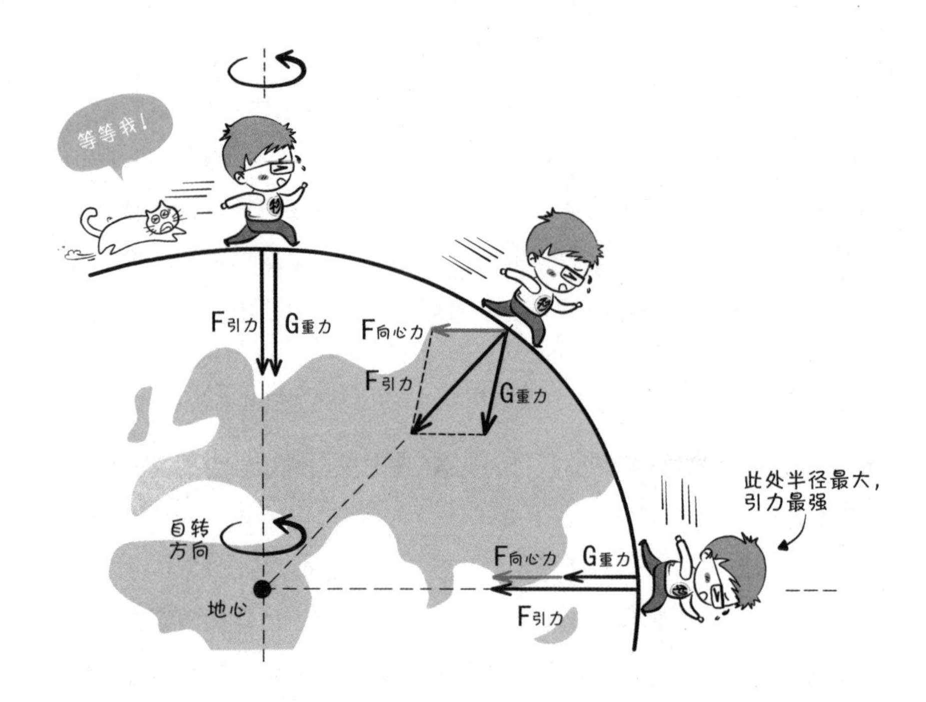

但是当地球绕着自转轴旋转之后，重力加速度则会随着纬度变化。这是因为地球自转之后，地面上的人也在随着地球做圆周运动。我们知道，做圆周运动需要向心力，而这部分向心力则由引力的分力提供。圆周运动所需要的向心力可以用$m\omega^2R$来计算，R是人的位置到自转轴的距离，地球上不同地方的ω（角速度）一致，而R不同。南北极点是不旋转的，这两处$R=0$，所以引力的分力无须提供圆周运动所需要的向心力，引力全部用来产生加速度，因此南北极点的重力加速度最大。赤道上的圆周运动半径最大，所以需要更大的向心力，也就需要更大的引力的分力，这就使得引力的另一个分力（图中灰色箭头）所能产生的加速度变小，而这个加速度就是赤道上的重力加速度。

04.地球外围的太空垃圾和地球卫星会影响太阳光照吗?

太空垃圾的存在会对光照产生影响，但是目前对于我们普通人的日常生活还没有产生影响，我们在生活中一般感觉不到太空垃圾的存在（以下讨论建立在目前太空垃圾数量的基础上）。

首先，太空垃圾不会自己发光，只能反射太阳等光源的光。白天太阳光太强烈，太空垃圾反射的光作为太阳光的“赝品”，自然相形见绌。在夜晚仰望星空时，我们能看到的也基本是月亮和星星，比起人类城市的光污染，太空垃圾的光污染可以忽略不计。

但是换个角度来说，太空垃圾也可以“发光”——把自己烧掉。轨道比较低的太空垃圾受到空气阻力的作用，速度逐渐减慢，并最终坠向地球。在此过程中，由于高速和大气摩擦生热，太空垃圾会燃烧起来，就像流星一样。

在我们普通人肉眼能见的范围内，太空垃圾产生的光污染造成的影响可以忽略不计，但是对于天文精密仪器来说，太空垃圾的影响就太大了。美国天文学家克利夫·约翰逊就在他的天文观测原始图片中发现了卫星留下的发光斜线，智利天文学家克拉拉·马丁内斯·瓦兹奎兹也曾遇到大量“星链”卫星穿过天空，其反射的强光干扰了高能照相机。

此外，太空垃圾还会引起各类安全事故。国际空间站曾经屡屡与太空垃圾“擦肩而过”；20世纪苏联的一颗失控核动力卫星坠毁到加拿大，导致当地放射剂量严重超标。太空垃圾的危害太多了，世界各国目前都在严密监视太空中的各类碎片，并试图用各类技术手段，例如激光、绳网等进行清理。

最后，如果太空垃圾把地球外层全覆盖了会如何？既然都全覆盖了，那自然是没有太阳光了。不过这个“全覆盖”的问题暂时不必担心，因为发射到外太空的东西都是在地球上制造出来的，想在地球外面制造太空垃圾“外壳”并且达到完全覆盖地球的效果，所需要的材料量非常大，目前人类还没有这个能力。

05.为什么月球在空中看起来不像一个球体而像“一片”月亮?

在日常生活中我们能感受到世界是立体的，而不是一个“纸片”世界，是我们的双眼接收外界信息并经过大脑的处理得到的效果。

我们的左右眼在空间中的位置具有一定的差别，当我们观察外界景物时，人眼空间位置的差别造成左眼和右眼观看景物的视角有细微的不同，我们的视觉系统可以将具有细微差别的左右眼图像的对应点进行融合，在大脑中呈现出客观景物的立体信息。如果闭上一只眼再观察我们周围的景物，由于只有一侧的图像信息，景物的立体感会变弱。当然，我们可能并不能很清楚地感受到这种差别，因为我们对这些日常景物已经有了明确的认识，所以大脑会根据经验对图像进行处理，呈现一定的立体感。而月亮离我们实在是太远了，双眼的距离与我们和月亮的距离比起来简直微不足道，双眼接收到的图像差别很小，所以月亮给我们的立体感就不是那么强，月亮看上去就不像一个球体而像“一片”月亮了。

06.为什么在早上和下午时也能看见月亮?

能否在早上和下午看到月亮，主要依赖月亮、地球、太阳的相对位置。如果固定在每天24小时中的某一个时刻观测月亮，你会发现月亮的位置在一个月的时间里绕地球旋转，每天看到的月亮的位置是不同的。只要月球反射的太阳光能以一个比较高的角度射向地球，月球就有可能被地球上的人看到。

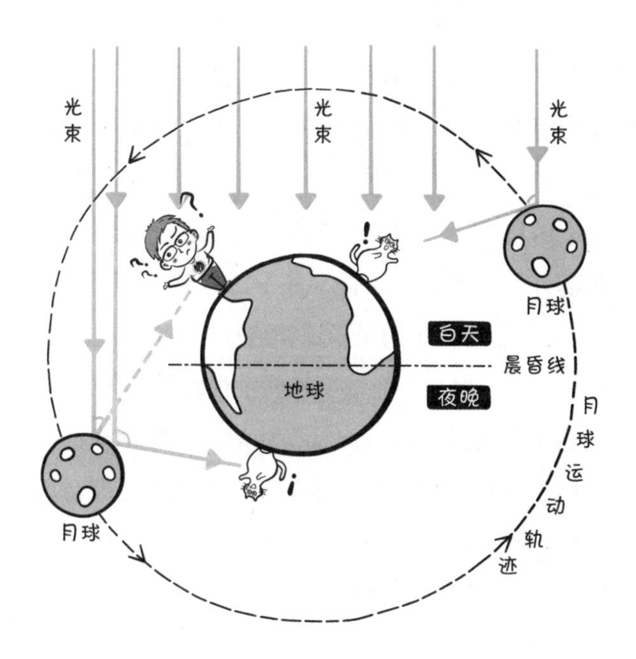

上面是一幅简单的示意图。因为太阳很远，所以射向地球的光线近似于平行线，中间的是地球，外面的是月亮，黄线是太阳发出的光。图中有两个不同位置的月亮，分别对应了不同日期和时刻月亮的大致位置。穿过地球中心的虚线是晨昏线，线的上面是白昼，下面是夜晚。右上的薛小猫在白天看到了月亮，左下的薛小猫在晚上看到了月亮，而左上角的物理君看不到月亮，因为能看到的月亮的反射光的角度太低，亮度又很弱，自己又身处白天，月亮的反射光就会被天空的光所掩盖。

07. 任何物质进入了黑洞的视界后，便变得无法观测，于是我们无法真正观测到黑洞内部的信息。我们丢一颗纠缠的量子进入黑洞，然后观测另一颗量子的状态，是否意味着能够通过量子纠缠观测到黑洞内的信息？

这是经典EPR（爱因斯坦-波多尔斯基-罗森）佯谬的一个变种，它的解释自然也完全地在EPR佯谬的框架内。诚然，纠缠的量子对会超距地传递退相干、超距地解除纠缠，但是不会因此传递信息。这是因为对于量子系统的测量都基于对波函数求统计期望。超距地传递退相干、超距地解除纠缠确实会引起量子态的坍塌，但是不会让可观测量的期望值发生改变。

举一个例子进行说明：将一对纠缠起来的量子比特分发给黑洞里面的爱丽丝和黑洞外面的鲍勃（这件事能不能做到先不谈，在这里假设做到了）。爱丽丝先对自己手中的量子比特进行一番操作，这些操作改变了总量子系统的波函数，但是不会改变鲍勃手中的量子比特的约化波函数，也不会改变鲍勃手中的量子比特测量得到的物理量期望。如果爱丽丝此时对手中量子比特进行测量，那么量子体系总的波函数会坍塌，但是这依然不会影响鲍勃测量得到的物理量期望值。

既然对鲍勃来说，所有的可观测量都不会发生改变，那么得到爱丽丝传递的信息呢？

08.太阳为什么没有氧气就能燃烧?

一般而言，燃烧反应的三个要素是可燃物、助燃物以及引火源，其中最常见的助燃物就是氧气了。当然也有一些燃烧反应不需要氧气的参与，比如镁（Mg）在二氧化碳（CO_2）中燃烧。

姑且认为太阳发出的光和热是由于“燃烧”反应引起的，我们来寻找太阳“燃烧”的三要素。

光谱分析表明，太阳中最主要的物质是氢和氦，氢占太阳质量的74%，氦占25%，其他所有元素占1%。按一般标准，氦气是惰性气体，那么氢气很可能就是太阳燃烧的可燃物；太阳表面的温度高达6000K（开氏温标），核心温度几百万摄氏度，引火源或者说着火点的要求早已达到；但没有助燃物（氧气），太阳燃烧反应的条件并不成立。太阳中发生的很可能不是燃烧反应。

即便有足够多的助燃物，当太阳以足够温暖（照亮）整个太阳系的亮度发光时，其燃料也会在较短的时间内耗尽。下面我们来估算一下。

初中或高中的学生应该都做过比较氢气和甲烷燃烧热的考题，氢气的燃烧热是285.8kJ/mol，甲烷是890.3kJ/mol，等质量（1g）的氢气和甲烷放出的热量分别为$285.8\div2=142.9$kJ和$890.3\div16\approx55.6$kJ，氢气放出的热量约为甲烷的3倍。曾经有人估算过，1kg天然气（甲烷）可以供20kW的锅炉连续工作45分钟。假设太阳全部由甲烷构成，太阳质量为2.0×10^{30}kg，功率为3.8×10^{28}W（用来温暖整个太阳系），这个天然气太阳大约将在10000年内耗尽，换成氢气也仅能燃烧24000年。

这些估算出的时间尺度远远小于生物进化的时间尺度（几百万年），说明实际太阳“燃烧”的过程中放出的能量远远高于一般有氧燃烧的过程，太阳的“燃烧”过程是一种燃烧效率更高的反应——核聚变反应（英国天文学家亚瑟·爱丁顿20世纪20年代首次提出）。现有的太阳模型中，太阳的能量产生过程包含了一系列的核反应过程，总的效果是4个氢原子经过强相互作用和弱相互作用后聚变为1个氦原子，放出大量的能量，即我们眼中看到的太阳“燃烧”。

燃烧反应，或者说剧烈的发光发热的氧化还原反应，涉及新键的产生和旧键的断裂，是核外电子和原子核之间的相互作用，其中起主导作用的是电磁相互作用。但使太阳“燃烧”的核聚变反应，是原子核内部核子之间的相互作用，包括强相互作用和弱相互作用，其中强相互作用比电磁相互作用强得多，保证了核聚变反应放出的化学能远远高于化学反应；而弱相互作用比电磁力还弱，通过这种相互作用的反应较难实现，但却是太阳“燃烧”反应中必不可少的一环（质子转变为中子），它限制了核反应的速率，使得太阳能够在较长时间内持续“燃烧”。

09.如果在银河系中迷路了，怎样找到地球?

人类已知地球在银河系中的绝对位置（相对于银河系中心的位置）。天文学家早已想出了一堆方法来研究银河系，自然对太阳系在宇宙中的位置有了解。

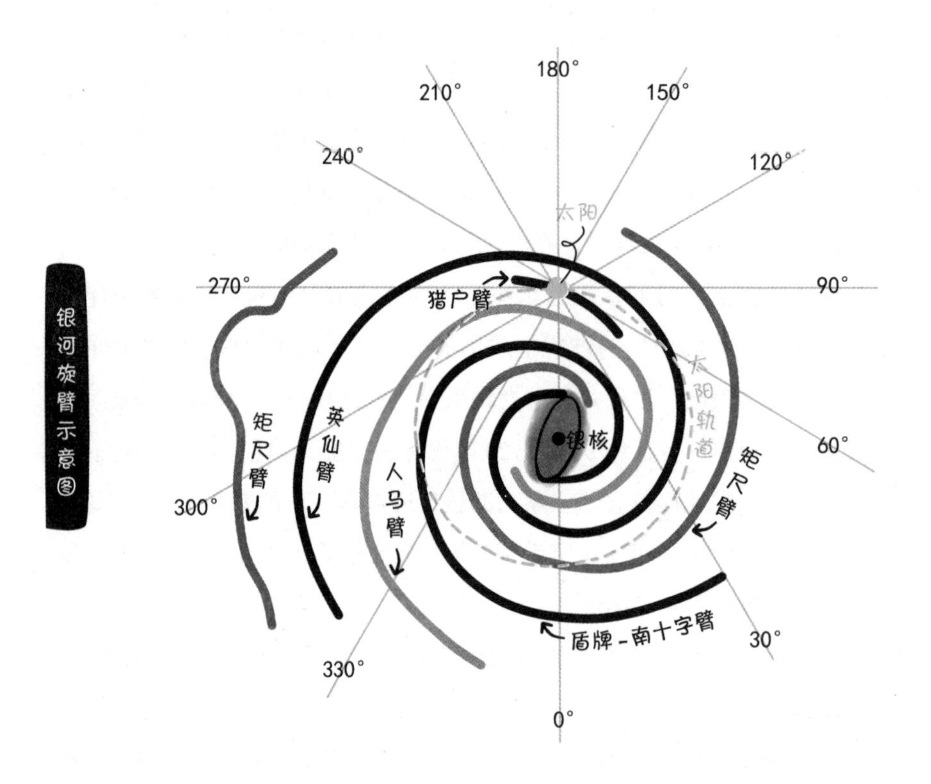

如果在银河系中迷路了，我们首先需要测量自己在银河系中的大致位置。最关键的是确定自己和球状星系团的相对位置，因为球状星系团是银河系的中心。在确定了和银河系中心的相对距离之后，我们就可以结合一些天文学知识（类似于在地球上确定地球的位置），大致确定“我在哪儿”了。

现在我们知道了自己在哪儿，那么也会对地球的大致位置有一个估计了。但是，我们肯定无法直接看到地球，只能寄希望于看到太阳，甚至只能看到太阳附近的更亮的恒星。这就引出了一个重大困难：银河系的半径约为5万光年，我们目前观测到的银河系，实际上是“过去的”银河系。上万年之后，太阳和周围恒星的相对位置肯定也会随时间改变。预测很长时间之后的太阳相对于邻近恒星的精确位置，并不容易，但是理论上总可以做到。因此，我们大致可以使用《三体》中的方法。我们知道太阳系周围的恒星和太阳的相对位置，将这个位置分布在相对“我们目前所在的方向”上做投影，就可以得到我们应当观测到的恒星分布（这就是为什么自己最好知道我们在银河系中的相对位置）。

接下来，我们对估计的区间内进行巡天，把观测到的恒星分布和预计的分布进行比较，就可以锁定太阳的位置啦！确定了太阳位置之后，如果知道准确的时间，我们就可以通过历法和已知的地球轨道算出地球的位置了。如果你还想要回到地球，也不用担心找不到它的位置：已经知道了太阳在哪里，我们再到太阳系中找地球就可以。

10.个人想接收来自外星人的信号，需要准备什么？

寻找地外文明是个非常复杂、困难的事情，需要庞大的科研技术团队分工合作，还要有雄厚的项目资金支持。对没有专业仪器设备的一般人来说，是几乎不可能完成的任务。即便如此，理论上也有机会制造出能接收到来自外太空信号的望远镜或天线列阵。

首先要确认的事情是，来自其他文明的信号很有可能非常微弱，要想接收到它们，需要足够灵敏的望远镜或天线来捕捉到非常微弱的信号。而绝大多数宇宙射线和信号都无法有效地穿透大气层，只有一小部分可以，这就是所谓的大气窗口。

考虑到现在光污染也很严重，最合适的探测波段就是透射率接近100%、波长为10cm～10m的波段了，这也是目前科学家们探测地外信号的最主要波段之一。确定好大致的探测波段之后，接着就是设计望远镜。

当然，对于个人来说，自制一个射电望远镜也不是不可能，但这一工程涉及大量专业知识，在这里就不详细展开了，感兴趣的读者可以在网上找到相关的文献和方法。

但是，就算是有了勉强堪用的射电望远镜，要想恰好能接收疑似有智慧生命的信号也是几乎不可能的，科学家们早就已经尝试使用射电望远镜列阵进行相关的探测，却依然没有结果。

脑洞时刻

01.生活中可能发生核反应吗?

生活中时时刻刻都有核反应发生。核反应是指一个原子核或者亚原子粒子（质子、中子或者高能电子）与另一个原子核相撞产生新的原子核的过程。有自然界发生的核反应，也有人工的核反应，如被高能加速器加速的粒子轰击原子核，可以产生新的元素。提起自然界中发生的且与我们生活息息相关的核反应，就必须说一下生成碳-14的核反应了。地球时刻都在接受宇宙射线辐照，这些宇宙射线中能量比较高的中子或者高能射线与高层大气的一系列作用产生的高能量中子，与大气中的氮-14原子核发生反应，放出一个质子，并生成一个新的核——碳-14，核反应方程如下：

$$ {}_{0}^{1}\mathrm{n}+{}_{7}^{14}\mathrm{N} \longrightarrow {}_{6}^{14}\mathrm{C}+{}_{1}^{1}\mathrm{p} $$

大气中碳-14含量稳定，人、动物和植物体内也都有稳定含量的碳-14。碳-14是碳的放射性同位素，利用其半衰期可以测定年份。人工核反应中与我们生活关系最大的就是核电站中的铀裂变反应，该反应为日常生活生产提供电能。

02.原子内部大部分地方都是空旷的，为什么中微子可以穿透人体，但是光子却不能?

解答这个问题要考虑微观情况下光子的穿透力，光子的穿透率主要与光子的能量有关。随着波长减小，光子能量升高，其穿透能力增强，比如可见光不能够穿透纸张，而X射线可以穿透薄铝板，伽马射线可以穿透人体。在粒子物理标准模型中，电磁力是一种长程力，相对强度是弱相互作用的10^{13}倍左右。作为电磁相互作用的传递者，光子在进入物质时，随着频率的升高，依次可能发生的相互作用形式有光热效应、光电效应、康普顿散射和正负电子对效应等。这些相互作用使得光子的能量衰减或者运动方向发生改变，因此当物质达到一定厚度时，光子就无法穿透物质了。

四种相互作用的比较

	引力作用	弱相互作用	电磁作用	强作用
作用力程 /m	长程，∞	短程 $< 10^{-16}$	长程，∞	短程，$10^{-16} \sim 10^{-15}$
举例	天体之间	β 衰变	原子结合	核力
相对强度	10^{-39}	10^{-16}	10^{-2}	1
作用传递者	引力子[1]	中间玻色子	光子	胶子
被作用粒子	一切物体	强子、轻子	强子	强子
特征时间 /s		$> 10^{-10}$	$10^{-20} \sim 10^{-16}$	$< 10^{-23}$

与光子不同的是，中微子属于电中性的轻子，穿过原子时不会受到电磁力的相互作用，中微子的质量接近于零，引力作用很弱，基本只受到弱相互作用影响。由于弱相互作用力程较短（$< 10^{-16}$m），只有当两个费米子（质子、中子、电子、中微子）挨得非常近时才会发生弱相互作用。在原子世界中，原子核和电子都很小，中微子更小，它们几乎很难发生碰撞，那么发生弱相互作用的概率就很低了。据估计，在100亿个中微子中，只有一个中微子会与物质发生反应。由于中微子不参与电磁相互作用，因此一般直接观测无法察觉，实验中利用中微子和水中的氢原子核（也就是质子）发生反应，产生一个中子和一个正电子，通过探测产生的正电子来对中微子进行计数，推算反应率。

1 引力子的存在还没有被确认，目前在实验中未观察到。

03. 地球上的空气为什么不会被宇宙的真空吸走？大气层是一个无形的东西，可它是如何保住空气的呢？

首先，地球产生重力场，会吸引地球附近的一切物体，包括气体。重力场的存在会让地球表面的气体服从麦克斯韦-玻尔兹曼（Maxwell-Boltzmann）分布，越往高处气体越稀薄。但是这个公式允许高度取到无穷远，这显然有点问题。实际上，地球上的空气每时每刻都在流失，大气层最外面一层叫作散逸层，就是这个地方的气体实际上会逃逸到外太空去，这里面有非常非常多且复杂的过程。总而言之，地球上的空气在不断流失，每秒就有3kg的氢和50g的氦逃逸到外太空。为什么主要是氢呢？因为氢比较轻，地球的重力对它们的束缚能力有限。

越重的气体分子就越能在地球上保留下来，换而言之，留住我们大气的是地球自身的引力。正是因为地球足够重，我们的大气才不至于在文明诞生之前的几十亿年就逸散殆尽。

04. 为什么月亮不会把人晒黑？

首先我们需要弄清楚是什么把人晒黑了。皮肤会变黑是因为黑色素。紫外线的长波（UV-A）和中波（UV-B）可以刺激黑色素的增加，黑色素积累越多，人的皮肤越黑。但是千万不要“谈黑（色素）色变”，虽然黑色素会使皮肤变黑，但是它也能抵御紫外线，起到保护皮肤的作用。那么晒月亮会把人晒黑吗？月亮不发光，只是反射太阳光，但是它的平均反射率只有7%，所以月光中紫外线强度是非常低的，大可不必担心被月亮晒黑。

05. 光有压强吗？如果有，多少光可以把人推倒？

光压是存在的。先考虑大气压的成因：空气中有许多分子，它们都以很快的速度（大约每秒几百米）运动着，它们在运动中碰到物体并被反弹的过程会对物体产生一个冲击力，大量气体分子对暴露在空气中物体的冲击力之和作用在单位面积上，就构成了大气压。同样，一束光中的光子在照射的物体表面被吸收或者反射的过程也会对物体产生冲击力，这就构成了光压。

能将人击倒的力量大约是在$0.01m^2$上产生1000N（大约相当于100千克力）的力，此时压强大约是100000Pa，而太阳光光压只有大约0.000005Pa，所以将人击倒所需光的压强是太阳光的两百亿倍！想要产生如此大的光压，其光功率已经和世界最强的激光器不相上下。当然，想用这样的光压击倒人是不现实的，因为在那个倒霉蛋被击倒前，巨大的光功率转化产生的热量已经将其蒸发啦！

06.怎么造一颗恒星？将它放入宇宙中会发生什么？

在天体物理学中，恒星的形成一直是极其重要的研究课题。在目前的天体物理学成果中，有一些关于恒星的重要结论。

我们首先得准备“一些”氢，根据天体物理学家计算出来的极限和目前的观测数据，我们至少得准备9%的太阳质量的氢。这个质量大约相当于地球总质量的3万倍，当然多一点是完全没问题的。但要是比这个质量更少的话，引力提供的内部压强可能就无法驱动自发的核聚变了。

其次，还需要一些特殊的方法让数量如此庞大的氢压缩起来。最稠密的那一类星云，$1m^3$的体积内大约只有$10^{-17}g$的氢气，这意味着要想收集到足够多的氢气，就要“捞”$5\times10^{43}m^3$最重的星云物质。这是什么概念呢？大约就是10^{22}个地球那么大，如果将这些物质看作一个球的话，它的半径大约0.02光年。把这么多氢气压缩得比太阳还小可不是容易的事情，光靠引力不知道要等到猴年马月。就算是对于人类来说威力难以想象的宇宙，聚集这些氢气也是一个漫长的过程。但是只要聚集好氢气，核心处就会发生稳定的核合成反应。这颗小恒星的寿命将约为2万亿年（在主序上的停留时间），是目前估计的宇宙寿命的100多倍。

可是，即便付出如此艰难的努力，制造一颗恒星这样足以耗竭人类全部想象力的伟大工程对宇宙来说也只是毫不起眼、随处可见、每天都在发生的事情罢了。所以，把一颗恒星放入宇宙后会发生的事情也不过就是多了一颗恒星而已。

在天文馆逛了一大圈，引导员的声音停在一扇门前：“前方是本空间站的飞船对接处，您可在此选择离开或继续去往下一站点。”门边的显示屏上闪烁着多个目的地的名称，物理君一眼就看到“悟理学院”四个字。“我们一起吧！”物理君的手和薛小猫的爪同时选择了“悟理学院”，门打开了。

“您已选择‘悟理学院’站，请等待飞船添加燃料。在等待期间，我们也为您准备了拓展想象力的趣味问答，祝您旅途愉快。我们下次再见！”智能引导员完成了任务，物理君和薛小猫也即将前往最后一站。片刻等待之后，一人一猫搭乘宇宙飞船，向着悟理学院飞去。

解锁交通工具——宇宙飞船

01.火箭、飞船这些航天器所用的是什么燃料？

火箭、导弹等飞行装置的“燃料”分为两部分：燃烧剂和氧化剂。它们的关系就像蜡烛和空气，在燃烧中缺一不可。应用相对较广的燃料可以分为两类：燃烧剂和氧化剂全部是固体或者全部是液体。

最开始的时候，人们使用火药来推进火箭，但是火药的燃烧很难控制，效果不够好。到了1926年，罗伯特·戈达德成功发射了世界上第一枚液体燃料火箭（液氧+汽油）。第二次世界大战时，德国开发了V2火箭（同时也是弹道导弹），使用液氧加酒精作为燃料。液体燃料的好处是无污染，我国拥有自主知识产权的YF-100火箭发动机就是液氧煤油发动机。“液氢+液氧”的组合性能强劲且无污染，是目前唯一比冲超过400s的燃料组合，我国的重型运载火箭“胖五”长征五号主发动机使用的就是液氢液氧组合。但是使用液氧这些低温物质有一个缺点——不可以把存贮箱完全封闭，否则温度升高，液态物质蒸发会带来压力过大炸破存贮箱的危险。而不完全封闭会带来燃料泄漏的风险，所以只能在发射前夕加注燃料。这对于随时可能发射的导弹而言是很难接受的，也是第二代洲际导弹改用固体燃料的原因之一。相比之下，肼、一甲基肼、偏二甲肼、混肼作为燃料在常温下稳定，相应的氧化剂为硝酸或者四氧化二氮。四氧化二氮分解后的二氧化氮呈红棕色，因此发射时会排这个颜色的“尾气”。同时也要注意，肼、偏二甲肼等有剧毒。

除此之外，固体燃料不仅可以长时间保存，而且对碰撞振荡的稳定性更高，因此军用更多一些。常使用的固体燃料有硼氢化钠、二聚酸二异氰酸酯、二茂铁，以及一些密度小的金属和非金属，如锂、铍、镁、铝、硼等，将它们制成微粒扩大表面积还能进一步加速燃烧。

研究所里的物理

（悟理学院）

噪声越来越响，飞船舱里也越来越热。“喵呜——”听到薛小猫的提醒，物理君向窗外一看，原来是快降落了。远远望见一个由高低不同的建筑构成的园区，那应该就是悟理学院了，可是在这里真的能找到穿越回去的方法吗？看着薛小猫灵巧地跳下飞船，物理君暂时按下心中的疑惑，跟着走进了悟理学院的大门。一进入大楼，物理君不由得有种既熟悉又陌生的感觉，环顾四周，悟理学院的研究员们匆匆地穿行在各个实验室之间，物理君想到自己的本职，不禁想推开一道门看看他们在研究什么。没想到薛小猫的动作更快，三步并作两跳就扑进了最近的一间实验室。

“你这小猫！快回来！”物理君急忙招呼薛小猫。

“年轻人，好奇不是坏事呀！”实验室里探出一个头，“我就是悟理学院的院长，你这一路上的经历我都已经听说了，欢迎你来此寻找回家的方法！”

“可是我该用什么回去呢？我记得自己一脚踩上井盖，然后就来到了这个世界……”物理君摸不着头脑。

“井盖？”院长摸着下巴，自顾自地陷入思考，半晌他又回过神来，“我相信学院里的研究设施能帮你找到回家的路，不过……”

“不过？”“喵呜？”看到院长话中似乎别有深意，物理君和薛小猫同时发出疑问。

“哈哈，操作我们的设备需要一定的物理知识，我想一边带你们参观一边考验考验你，这样才安全嘛！不如我们就从微观世界和基本粒子开始吧！”院长向物理君发起了挑战。

01.除了锂和钠，第一主族的其他元素也可以用来造电池吗？

可以。目前正在研究的钾离子电池，其正负极材料都还处于实验室阶段。就算是第一主族的第一个元素——H（氢），也可以用来造电池。氢氧燃料电池就是以氢气作为负极活性物质，氧气作为正极活性物质。以碱性氢氧燃料电池为例，其正负极发生的分别是如下反应：

负极：$H_2+2OH^- \rightarrow 2H_2O+2e^-$

正极：$O_2+2H_2O+4e^- \rightarrow 4OH^-$

总反应就是氢气和氧气反应生成水的反应。

电池是一种能量转化器件，能够将其他能量转化为电能，能实现这个功能的器件都可以叫作电池。对于化学电源来说，只要某一个反应可以自发发生，那么理论上都可以将其设计成一个电池。比如，正负极是同一种活性物质，但是它们的浓度不一样，那么两者之间就会有能量差，利用这种能量差设计出的电池称为浓差电池。

02.常见的静电弧为什么是紫色的？

冬天天气干燥，人体容易带静电，在接触物品时会发生静电放电的现象。放电时经常能看到持续时间很短的淡紫色电弧。

电弧的产生是因为带静电的物体之间有较高的电压，其间的空气被瞬间击穿，电荷通过电离的空气传导，瞬间产生较大的电流。同时，空气被电离后电子处于激发态，跃迁回能量较低态的时候会以光的形式释放能量。

空气中大部分是氮气，所以空气的激发光谱主要由氮气分子激发光谱贡献。而氮气分子的激发光谱主要分布在紫色、蓝色和红色上，所以人眼看起来空气中的电弧总是会呈现出淡淡的紫色。

03.多大的电压才能击穿空气？

击穿气体所需要的电压与需要击穿的气体厚度d、气体的压强p、温度T、气体分子的种类等都有关系。击穿电压的公式如下：

$$U_{击穿}=\frac{L\cdot p\cdot d\cdot E_I}{e\{\ln(L\cdot p\cdot d)-\ln[\ln(1+\gamma^{-1})]\}}$$

$$其中\ L=\frac{\pi\gamma_I^2}{k_B T}$$

为了直观地表现我们需要多大的电压才足以击穿空气，可以举一个特定条件下的例子：在标准大气压、0℃时，让两块间隔为1m的平行板之间的大气导电，所需要外加的电压大约为3.4MV。

04.众所周知，金刚石是自然界中最硬的物体，那金刚石是如何被塑形加工的呢？

金刚石的原石往往形状不规整，光线反射和折射的随机发生使之看起来不够闪耀，后期的打磨和抛光能够很好地设计金刚石的各个晶面，使金刚石变为闪烁生辉的钻石。

钻石的加工一般包括四个步骤：画线标记、分割、成型和抛磨。其中分割和抛磨是主要的塑形加工过程。在现代工艺中主要采用激光切割技术分割钻石，其切面宽度窄（小于0.1mm），光滑性好（12.5μm），对钻石的耗损小，且成型美观。抛磨则利用了“只有钻石才能打磨钻石”的特性。由于钻石具有各向异性，将钻石粉作为磨粉打磨抛光钻石，结合切割的过程，钻石可以成型为固定形状的几何体，其每一个角度和面都经过精准计算，从而保证充分利用光线，使之璀璨亮丽。

05.量子纠缠可以瞬时改变量子叠加态，那么假设我以一定规律测量一组纠缠中的量子，在很远很远的地方与其纠缠的另一组量子就会有规律地改变量子叠加态，这样不就可以以莫尔斯电码的方式传递信息了吗?

虽然测量可以改变距离遥远的纠缠量子态，但是量子力学告诉我们，这种改变（波函数的坍塌）虽然是超距的，但无法传递信息，因果律不仅没有被量子力学破坏，而且依然被很好地保护着。波函数的坍塌并不会传递信息，是因为坍塌虽然改变了状态，却不会改变测量结果的概率分布。举个例子：假设相距遥远的爱丽丝和鲍勃分别控制着两个纠缠起来的量子系统，爱丽丝测量了自己手中的系统，虽然改变了鲍勃手中的量子态，但是不会改变鲍勃测量的结果。所以鲍勃甚至无法得知爱丽丝是否进行了测量，自然也就无法传递信息。

06.高低不同的声音全部混杂在一起，人耳是如何把音调不同的声音分开的?

说到分辨不同频率的声音，我们首先就会想到傅里叶变换，傅里叶变换可以把不规则的振动分解成一系列强度不同的简谐波。

人耳分辨不同频率声音的奥秘就在于人的听觉系统可以进行“傅里叶变换”，只不过这个傅里叶变换并不是和我们想象的一样发生在大脑后期的信息处理过程中，而是发生在耳朵里的生理结构——耳蜗基底膜中。

基底膜随着耳蜗螺旋盘绕。在耳蜗外端，基底膜刚性较大，宽度较窄，能够和振动中的高频成分发生最大共振；在耳蜗内端，基底膜刚性较小，宽度较宽，能够和振动中的低频成分发生最大共振。不同区域的振动使得柯蒂氏器上不同部位的毛细胞发生弯曲，最终变为不同神经上的信号，我们就能分辨出不同频率的声音了。

自然造物多么神奇，通过这样一种简单的结构，就以物理手段实现了傅里叶变换，我们的脑子就不用进行那么复杂的活动了！需要提到的是，毛细胞是不可再生的，而耳蜗外端的毛细胞受外界声音影响更大，随着年龄的增长，我们慢慢地会听不到高频的声音。所以，一定要保护好自己的听力呀！

07.声音能被磁化吗?

磁化会影响介质中的声波传递，但目前还没法给你具有“磁性”的声音。磁化是指没有磁性的物体获得磁性的过程。量子力学告诉我们，磁性来源于电子自旋磁矩和轨道磁矩，此磁性不同于彼“磁性”。机械振动通过介质传导到我们的耳朵，最终转化为神经信号为大脑所感知，就是我们所说的声音。声音之于人，不是机械振动，而是电信号。

我们对声音的感知有三个要素：音调、音色和响度，这三个要素都与声源介质以及传声介质的机械振动相关。机械振动与原子核的集体振动——声子相关，而电子的变化对原子核的影响比较小，这种影响在极低温下才可以被观测到；另外，如果传声介质是空气等气体的话，声音以纵波的形式传导，引起空气密度和压力的变化，磁性对气体中的声波影响不大。另外，爱因斯坦-德哈斯效应指出，电子自旋角动量和机械角动量本质相同，微观上电子角动量的转移的确会使原子发生机械运动，因此严格来说，磁性会影响介质中的声波传递。

但是，这些由磁性引起的机械振动的变化一般不会被耳朵感受到，想通过磁化使得自己的声音具有“磁性”还是非常有难度的。

08.我们闻到食物的香味是因为闻到了气体分子，那么为什么贴近一本书的时候会闻到书香气？难道书一直在往外面散发分子吗?

与所有的香味一样，“书香”源于若干化学成分。旧书的书香气让人陶醉，新书的味道也让人觉得“腹有诗书气自华”。但是“书香气”的秘密，也许和你想象的大相径庭。

浪漫一点的说法是，古人为了防止虫子咬食书籍，将一种有清香之气的芸香草置于书中。芸香草亦称芸草，为多年生草本植物，夹有这种草的书籍打开之后清香袭人，故而称之为“书香”。

国外科学家也做了相关研究：他们抽取了旧书散发的空气，分析后发现，书香其实是苯甲醛（杏仁味道）、香兰素（香草味道）、甲苯、乙苯（甜香味道）以及2-乙基己醇（花香）等多种芳香族化合物的味道，并不是单纯的一种味道。这些成分含量很低，但是易挥发，在很低的浓度下我们也可以嗅探到。这些味道主要来自纸张的木质素。木质素酸水解后产生上述多种芳香族化合物，同时使得纸张发黄。当然，书的气味还可能有其他三个来源：纸品本身（和制造中使用的化学物质）、用于印刷的油墨和用于装订的胶剂。所以有些书散发的“臭味”也许只是浓重的化工气味，这时还是晾晾再读为好。

这些“书香气”通过气体分子的扩散过程进入我们的鼻子，引起我们的嗅觉。气体扩散过程是指某种气体分子通过扩散运动进入其他气体里，因为气体分子的不规则运动比较激烈，所以气体扩散效应比较明显。根据扩散定律，扩散物质在单位时间内沿法线方向流过单位面积的曲面的质量与物质浓度沿法线方向的方向导数成正比，即

$$\mathrm{d}m = -D(x,y,z)\cdot\frac{\partial C}{\partial m}\cdot \mathrm{d}S\cdot \mathrm{d}t$$

通俗来讲，单位面积物质的扩散速率与物质的浓度梯度以及扩散系数有关，浓度梯度越大，扩散速率越快。气体分子的扩散系数一般与气体分子的分子量、温度、压强等因素有关，分子量越小，温度越高，气体分子不规则运动越剧烈，扩散系数一般越大。

所以当我们打开书本时，在书本附近有“书香气”的气体分子浓度远高于书本周围的空气，微观上相应气体分子一直在做不规则热运动，宏观表现为气体分子从高浓度向低浓度扩散，最后使人闻到馥郁的书香。

当然，如果将书本敞开在空气中放很长时间，闻到的书香可能就没有那么浓烈了。

09. 量子涨落是否违背能量守恒？

对量子系统进行测量的时候，得到的结果并不确定，而是会呈现出一个概率分布，这就是所谓的量子涨落，所以系统的能量可能不是一个定值。但是这并不会违背能量守恒定律（当然其他的守恒律也是）。这是因为我们对量子系统进行测量的时候一定会引入系统和环境的耦合，系统中多去或少去的能量都会在环境中得到补充。

例如，在测量一个原子的动能时，我们可能会需要它散射一个光子，这个原子能量的涨落会通过被散射的光子能量的涨落实现。

10. 为什么通电线圈里加铁芯能增强磁性？

我们学过安培分子电流假说。安培观察到通电螺旋管的磁场和条形磁铁的磁场很相似，便认为分子内部存在着一种环形电流——分子电流，使每个微粒成为微小的磁体。这种环流来自电子绕原子核的运动，也来自电子的“魔力转圈圈”——自旋。

我们初中还学过分子的热运动。表面看似文静的铁，却有一颗狂野的芯。铁芯内部的微粒时刻进行无规则运动，这些分子电流、微小磁体的排布也是杂乱无章的，所以生活中常见的铁并没有磁性。

但是外加磁场后，事情就变得有意思了。磁体会在外界磁场中向磁场方向偏转，而偏转后的各个小磁体便有了有序的方向。小磁体由于方向整齐，自身的磁场没有因为杂乱的排序相抵消，而是在外加磁场方向上叠加，于是整体的磁场比原先的外加磁场更强。

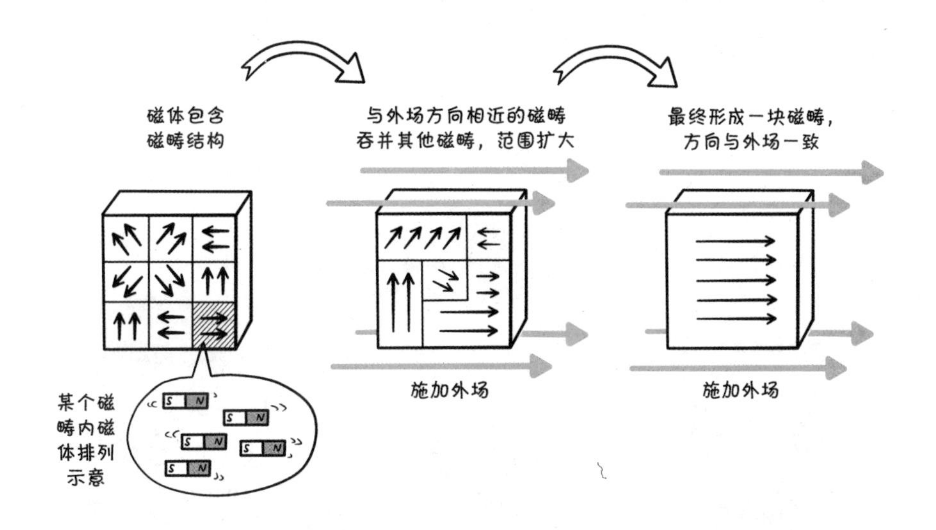

事实上铁芯增强磁性的奥秘还不止于此。铁芯一类铁磁体的磁性主要来源于电子自旋，铁芯内部由于电子自旋之间的量子“交换作用”，存在一种结构——“磁畴”。（难道这就是“遇事不决，量子力学”？）在这种量子效应下，铁芯内部的小磁体自发排布在一定方向上，不过一般情况下铁芯内有多块方向随机的“磁畴”，宏观不显磁性。但在外场作用下，与外场方向相近的“磁畴”会吞并其他“磁畴”，最终将形成完全排列好的一整块“磁畴”，方向比一般物质加上磁场后还要整齐，所以产生的磁场更强，磁性更强。

11. 我们平常感受到物体之间的接触是原子之间的接触吗？

物体的接触可以理解为原子接触，这是因为在接触过程中原子中的电子云发生了重叠。我们按住物体但不能无限戳进去，就是因为原子间电子云的排斥作用。就本质而言，与生活中常见现象有关的大多是引力和电磁力，比如重力和潮汐力为引力，压力和摩擦力等为电磁力，人体所感觉到的基本都是电磁力。一个很有意思的事实是，人体并不能直接感受到引力，比如，我们总是要通过脚底的压力或者“失重”才间接觉察得到自身的重力，因而实际上这些能感觉到的都是电磁作用。

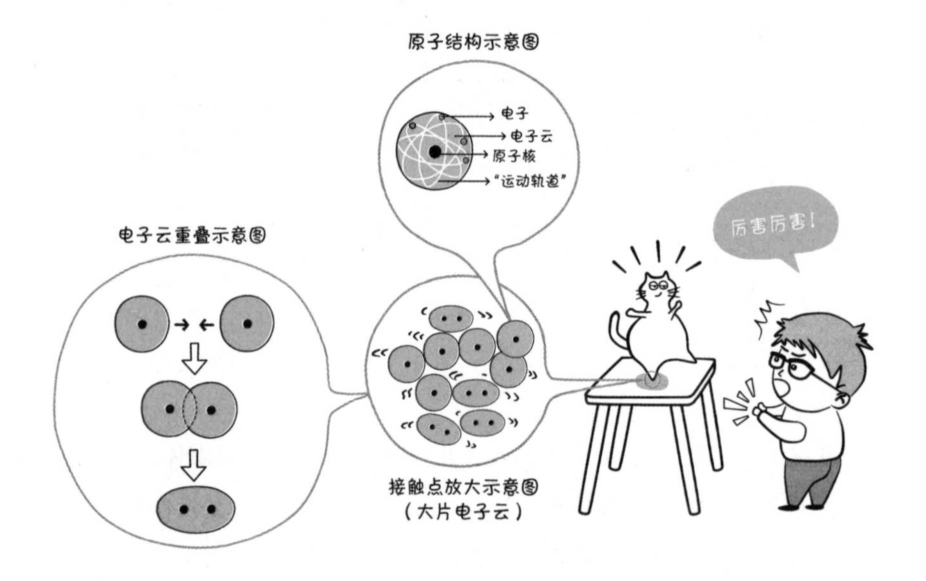

12. 电子是一种物质吗？如果是，那么它是由什么元素组成的？

电子是一种物质，但它并不由元素构成！事实上，正是电子的被发现让物理学家意识到各种元素的原子并不是不可分割的。原子由质子与中子构成的原子核以及核外电子组成，而原子核中质子的数量决定了元素种类。

那么电子是由什么组成的呢？在目前为大多数物理学家所接受的描述世界最基本的物理理论“标准模型”中，这个世界由几种基本粒子组成。其中负责构成各种物质的是自旋为半整数的费米子，而负责在物质间传递相互作用的是自旋为整数的玻色子。玻色子包括传递电磁相互作用的光子、传递弱相互作用的W玻色子与Z玻色子、传递强相互作用的胶子，以及大名鼎鼎的“上帝粒子”希格斯玻色子；而费米子包括上、下、粲、奇、顶、底六种夸克与电子、μ子、τ子、电子中微子、μ子中微子、τ子中微子六种轻子以及它们的反物质。不同的夸克相互组合，构成了由三个夸克（或反夸克）组成的重子，例如由两个上夸克与一个下夸克组成的质子；以及由一个夸克和一个反夸克组成的介子，例如华裔物理学家丁肇中发现的一个粲夸克与一个反粲夸克组成的J/ψ介子。正是这些看得人眼花缭乱的粒子（是不是快不认识“子”这个字了），构成了五彩斑斓的世界。

在标准模型中，电子是基本粒子中轻子的一种，目前大家认为它本身是不可分割的，迄今为止的各种实验也验证了这个观点。

13.用马克笔在金属勺子顶部写字，再用水装满碟子，让写了字的勺子部分在水中摇晃，为什么字会浮在水面上?

并不是所有马克笔在金属勺子顶部写的字都可以浮在水面上，只有白板笔才能有这种效果。耐久性马克笔写出来的字迹特别持久，不容易擦掉，白板笔却不一样。白板上的字经常是写了就擦，这就要求白板笔写出的字要很容易被擦除，意味着白板笔写的字迹与白板之间的附着性较弱。白板笔墨水的主要成分有不溶于水的树脂、色素、易挥发溶剂（酒精、异丙醇）以及脱离剂等。脱离剂一般是液体石蜡等比较“油”的东西，它们和油墨一起溶解在易挥发的溶剂中。当用白板笔书写的时候，墨水中的溶剂会挥发，然后白板表面会残留薄薄一层树脂。脱离剂相当于一层保护膜，起到隔离树脂和白板的作用，避免树脂与白板之间的结合过于紧密，这就使得白板笔的笔迹容易被擦掉。金属勺子上的字能转移到水中，就是因为脱离剂使水很容易将树脂形成的膜（字迹）和金属勺子分离，因此字迹能浮在水面上。

14.某原子的质子数与实际相对原子质量有差异的原因是什么？

这里的“质子数”应该修正为质子数和中子数之和，即核子数，因为中子质量和质子差不多，同时也是贡献原子质量的主力。

相对原子质量是一个人为的概念——对应C-12原子质量的1/12，因此有差异就是很自然的事。原子质量主要集中在原子核里，核外电子可以忽略不计。某原子核子数和相对原子质量的差异原因可以笼统地回答为该原子核和C-12原子核的比结合能不同。因为结合能作为能量，也会提供质量的效应。（结合能就是原子核和构成它的所有核子之间的质量差异，比结合能就是结合能和核子数的比。）

那么，不同原子核的比结合能为何不同呢？对于比较轻的核，核子数增加使得核力变强，结合得更紧密；而当核子数已经很大时，因为核力只是和邻近核子作用，再增加核子并不能使整个核结合得更好。原子核表面的核子受到的核力吸引比内部的核子小，因此会有类似于液滴的表面效应，使得结合能不再正比于核子数。除了强核力，质子间的库伦力也会影响原子核的质量；另外，由于量子效应，稳定核倾向于中子数和质子数相等，外层的质子、中子倾向于同类配对，分别给结合能引入对称能项和对能项。这四个作用都会使比结合能随原子核的N（中子数）、Z（质子数）变化，引起核子数与实际相对原子质量的差异。

15.电吹风可以让乒乓球悬浮在一个确定位置附近，这其中的原理是什么？

许多人在解释吹风机悬浮乒乓球的原理时往往用到伯努利原理，认为流体流速越大，压强越小。于是乒乓球周围空气流速大，压强就小了，气压让乒乓球不容易左右移动，而吹风机朝上吹的力抵消了乒乓球自己的重力，造成了乒乓球悬浮的现象。但是这些解释往往忽略了伯努利方程的限制条件，伯努利方程是在理想流体、稳定流动、同一流线等特定条件下推导出来的。在这个例子中，造成压强差的气体并不出于同一气源，所以许多学者认为用康达效应解释这个实验更加合理。

什么是康达效应？流体会偏离原本的流动方向，改为沿着它所接触到的弯曲表面轮廓流动。弯曲的流线气体内外层气压不相等，外层气压大于内层气压，提供单位面积上流体弯曲运动的向心力。

当空气流过乒乓球时，气体围绕乒乓球轮廓，在球的表面移动一段距离后离开。由于气流做曲线运动，内侧的气体压强小于外侧的气体压

强，在单位面积上产生指向圆心的向心力。康达效应产生的合力向上，与重力平衡后使乒乓球稳定悬浮在空中。进一步地，把乒乓球看作表面光滑且质量均匀的球体，把气流看作理想流体，气流在小球周围形成稳定的流场，小球就被限制在气流中央了。

16.庞加莱重现和热力学第二定律矛盾吗?

不矛盾。热力学第二定律又名熵增原理，即孤立系统只能自发朝着熵增的方向演变，不能逆过来。庞加莱重现是指孤立的力学系统经过充分长的时间后总可以回复到初始状态附近（熵减）。

只要搞清楚两者的前提和被暗中抹掉的条件，就容易看出它们并不矛盾。熵增原理对应“实际过程”（也就是一个有限时间或者说相对于人来说是有意义的时间内发生的过程），最重要的是，它是一个统计结论（很多人会忽略这一点）。

在严谨的教材表述中，熵表示体系混乱度，对于宏观多粒子孤立系统（10^{23}个粒子），粒子的任意分布状态（数量巨大）中，对应熵比较大的状态数比熵小的状态数多得多（排列组合而已），因此它们出现的概率也大得多，所以体系演化过程中熵减小的概率几乎为0，但其实确实不是0，可惜“实际过程”时间短，这种可能性并不会出现（这就是统计的意义了，即把非常非常非常不可能就直接作为不可能，但这并非完全不可能），于是就得到统计意义下的熵增原理了。

庞加莱重现对应理想情况，实际上体系恢复原来状态的可能性确实存在着，虽然它的概率非常非常非常微小，但只要给的时间足够长，比宇宙时间还要长得多（就当是无限长吧），那就变成“无论一件事发生的可能性多么小，只要不是0，重复足够多次后，它必然会发生”的情况了，只是这个时间长度对实际并没有什么意义。

所以说两者不矛盾，只是“一个极小概率 × 很有限的时间 = 0”与

“一个极小概率 × 极大时间 = 1”的区别罢了。

换句话说，这里的区别只是推理过程中取极限的先后。如果先让系统尺寸足够大，然后再让系统演化的时间趋于无穷，就会看到庞加莱重现；反之，就会看到热力学第二定律。

17. 为什么液体放在容器中时，液面会下凹？

日常生活中常常会看到容器里的液面呈现下凹的状态，仿佛容器壁对液体有一股神奇的力量，这里首先以水和玻璃容器为例解释。

水面在玻璃容器里的凹凸性主要由水、空气和玻璃间的表面自由能大小决定，水和玻璃的表面间有夹角，“夹住”液体的那个夹角称为接触角，如图所示：

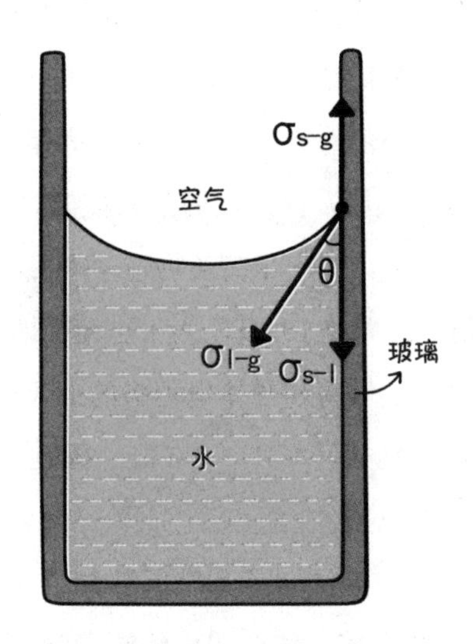

根据杨氏方程$\sigma_{s\text{-}g} = \sigma_{s\text{-}l} + \sigma_{l\text{-}g}\cos\theta$，σ表示各相之间的表面自由能。在水和玻璃的情况下，$\sigma_{l\text{-}g} > \sigma_{s\text{-}g} - \sigma_{s\text{-}l}$，接触角是一个小于90°的角，表明水润湿玻璃，因而平衡状态下各相之间的表面自由能差值就是那股让水面凹陷的神奇力量。

简单来讲，水面的分子一方面会受到液体内部分子的净吸引力（这里包含空气对水分子的作用），表现为水的表面张力，另一方面会受到容器壁分子对表面分子的吸引力。在这里水分子和容器壁内分子的吸引力大于水分子之间的吸引力，分子趋向于向固液界面移动，液面呈现扩散的趋势，也就导致液面在靠近容器壁的部分会高于液面中心，形成液面下凹的现象。

但是，并不是所有液体都能和容器壁相互润湿。如果玻璃杯里装的是水银，那么就会呈现液面上凸的情况；如果是一个石蜡做的杯子，杯中的水面也会呈现上凸的状态。

18.超导研究中如何检测超导？超导电阻检测通常都有哪些方法？

超导体具有两个特殊的性质：零电阻行为和完全抗磁性。

零电阻行为指的是随着温度的降低，物质的电阻在某个温度突然下降，降到仪器检测不到的最小值，突变前后的电阻值存在量级上的变化。由于任何仪器的灵敏度都有限制，因此实验上只能确定超导电阻的阻值上限，无法严格证明其电阻为零。1908年荷兰物理学家昂纳斯发现汞超导现象的实验条件给出电阻值的上限是$10^{-5}\Omega$。为了更精确地确定超导电阻的上限，科学家采用“持续电流法”将超导体电阻率的上限提高到$10^{-26}\Omega\cdot cm$，远低于正常金属的最低低温电阻率$10^{-12}\Omega\cdot cm$。因此，认为超导体的电阻率确实为零。

实际测量中，常用的方法就是大家所熟知的伏安法测电阻。研究人员一般会使用低温测试系统，结合四引线法消除接触电阻，可以测量的最小电阻大约是$10^{-5}\Omega$，一般物质电阻值小于仪器误差且转变前后电阻值有量级上的变化就可以认为物质进入超导态。

同时，为了证明物质确实进入了超导态，一般需要结合超导体的完全抗磁性进行判断，这就需要测量物质磁矩随温度的变化。一般需要利用振动磁强计（VSM）结合低温测试系统进行测试，当物质的磁化曲线在低温下表现抗磁信号（磁化率为负值）时认为物质具有抗磁性。

为了更好地研究超导体的性质，通常的电磁学测试还包括等温磁化曲线（M-H曲线，类似于铁磁体磁滞回线）测试、加场电阻率测试、单晶各向异性测量（有一些超导体会“翻脸不认人”）等。想深入了解超导吗？想为实现超导量子计算、超导磁悬浮列车，甚至利用磁悬浮上天入地贡献自己的力量吗？想的话，就来加入物理所吧！

19.粒子的自旋是什么？它们真的会转吗？为什么会有“1/2”这种分数表示？

我们可以说粒子“真的在转”，但和你开心地转圈又有点儿区别。首先来说一下为什么可以说粒子真的在转。材料中电子的旋转有两类，一类是绕着原子核的“公转”，一类是“自转”。科学家们其实并没有办法从材料里抓一个原子出来，拿到显微镜底下看里面电子到底是怎么转的，他们一般通过光谱来分析。粒子转的速度和光谱特定谱线的数量相对应。我们原本以为粒子只有“公转”，也就是轨道角动量，但是这样假定算出来的光谱谱线数量怎么都和实验对不上。人们这才知道，粒子也有“自转”。

但是自旋其实并不对应着粒子真实的转动，而是指对波函数的操作。量子力学里波函数要用复数表示，人们能观测到的是复数的模的平方，所以在“转一圈”以后即使多了一个负号，也没有影响。它只需要满足反周期性条件，这就是一些粒子自旋是1/2分数表示的来源。很多人会觉得这多转的一圈是不是粒子在高维的空间里多转了一圈呀？其实这是三维空间就有的性质。费曼曾经有一个很形象的演示方式，你只需要伸出你的右手，保持手心向上顺时针旋转一周，此时你的手臂就像被警察叔叔抓住一样。这时继续保持手心向上，从手臂下方继续顺时针旋转一周，你会发现，“转两圈”以后，你可爱的右手又回来啦。

20. 科学家是通过什么方法知道质子、中子、电子等粒子的质量的？

对于带电粒子，高精度的做法是测量它们的荷质比（粒子所带电荷/粒子质量）。如果知道了它们的荷质比，那么反过来就可以算出带电粒子的质量。电子和质子的荷质比可以利用带电粒子的粒子流在电磁场中的偏转，结合经典力学和电磁学得到，这是一种很直接的测量。

中子自身不带电荷，所以测量它的质量非常复杂。我们知道氢原子的氘核和氕核之间差一个中子，可是物理学家计算这两个基本粒子的质量差，也无法得到中子的质量。这是因为中子和质子之间有强相互作用，这部分能量改变了氘核的质量。物理学家们测量中子被质子捕获的过程中释放出的光子能量，可以计算出结合能。通过这种方法，物理学家才间接地算出了中子的质量。

21. 有些物体的温度无法直接测量，那么我们该如何得出它们的温度呢？

日常生活中我们经常用酒精温度计测气温，用水银温度计测体温。但是有很多东西是不能用这两种温度计测量的，比如熔化的钢水，其温度远远超出普通温度计的量程。好在科学家找到了物体辐射的光谱和温度之间的对应关系，我们可以通过测量物体发光的光谱来判断它的温度，这种方法使测量温度非常高的物体成为可能。这种测量方式还有个好处——无须和被测量物体近距离接触。我们甚至可以用这种方法来测量太阳的温度。事实上，不同的温区需要不同的测量手段，不同的精度要求也对应了不同的方法，这样才能保证测量的精确度。

22. 宏观物体不会呈量子效应吗？

这个问题的答案可不一定，宏观物体也能够表现出量子效应！

日常所见的宏观物体，虽然是由服从这种量子力学规律的微观粒子组成，但由于其空间尺度远远大于这些微观粒子的德布罗意波长，微观粒子的量子特性就由于统计平均的结果而被掩盖了。因此，在通常条件下，宏观物体整体上并不出现量子效应。然而，在温度降低、粒子密度变大等特殊条件下，宏观物体的个体组分会相干地结合起来，通过长程关联或重组进入能量较低的量子态，形成一个有机的整体，使得整个系统表现出奇特的量子性质。

组成物体的微观粒子如原子、电子、原子核等都具有量子特征，当在一定外界条件和内因作用下（如极低温、高压或高密度等条件），所有粒子相互结对，凝聚到单一的状态上，形成高度有序、长程相干状态，往往会表现出宏观量子效应。在这种高度有序的状态中，所有粒子的行为几乎完全相同。这时大量粒子的整体运动就和其中一个粒子的运动一样，可表现出宏观量子效应。

物理学中常见的宏观量子效应有原子气体的玻色-爱因斯坦凝聚、超流性、超导电性、约瑟夫逊效应、超导体磁通量子化以及量子霍尔效应等。同学们可以参考相关研究方向的论文和书籍了解宏观量子效应。

脑洞时刻

01. 可以利用摩擦起电制作发电机吗？

可以哟！

生活中常见的电磁发电机的原理一般是法拉第电磁感应定律，当闭合电路的磁通量发生变化时就能产生感应电流（或者说导线切割磁感线产生感应电流），利用这个原理发电的形式主要有火力发电、水力发电、风力发电以及核电等。电磁感应将机械能转化为电能，用于人们日常生活所需和工业生产。

除此之外，还有许多微观电流效应，比如光电效应、温差电效应（热电效应）、压电效应等。原则上讲，这些效应都能够实现其他能量向电能的转化，具有发电机的潜力，并且实现了相关的应用，比如太阳能电池和压电陶瓷。

摩擦发电机利用的就是材料间的摩擦起电效应。中科院的一项研究工作发现表面上修饰着纳米结构的塑料薄膜相互摩擦时有静电产生，其产生的电压电流是压电效应产生的数十倍，实验获得的机械能转化效率是55%，总转化功率数值可以达到85%。摩擦起电效应十分常见，并且对于选材要求不高，所以可以实现大规模生产，同时可以将一些常规方法无法实现转化的自然现象或者人类忽视的活动利用起来，具有很大的应用潜力和优势。2017年，基于摩擦纳米发电技术的波浪能发电网络装置成功实现了稳定的发电。

02. 为什么pH值2.7的硫酸不能喝，pH值2.7的可乐就可以喝？

首先必须强调，任何实验试剂都不能食用，接触和使用都要佩戴好手套等防护用品，实验区域也禁止饮食。接下来的讨论也都只是假想。

理论上，少量摄入pH值2.7的硫酸是没有生命威胁的，但这只是假设，实验试剂通常含有很多杂质，并且对人体有害，所以永远不要尝试。pH值2.7的硫酸浓度已经很低了，大概只有0.005mol/L（化学实验常用的0.5M稀硫酸的浓度通常是0.5mol/L）。对于机体而言，如此低浓度的硫酸中的氢离子不再是威胁，反倒是硫酸根的大量摄入可能会诱发剧烈腹泻（食品级的硫酸钠结晶是泻药）。再次强调，不要去尝试，不要拿自己和他人的生命健康开玩笑。可乐的酸性主要来自溶解的二氧化碳和磷酸，这两种物质并不具有强烈的腐蚀性，唯一的危害就是让你的牙齿更加脆弱（珍惜健康，少喝可乐）。

从稀硫酸拓展到浓硫酸，情况就更危险了，浓硫酸的危险性非常大，永远不要去尝试。

回顾一下高中化学中浓硫酸的性质：酸性、氧化性、脱水性。浓硫酸的氧化性意味着强烈的夺电子能力，可以直接在金属表面形成氧化膜，有机物大量的还原性羟基在浓硫酸面前必须低头。浓硫酸的脱水性更是可以直接将有机物中的氢和氧以水分子形式夺去（参考经典的浓硫酸和蔗糖的反应），没有任何生物体能在这种环境下安然无恙。

我们哺乳动物唯一可以抵抗的就是酸性，但是仅限于偏酸的食品和饮品，浓硫酸、浓盐酸等强酸已经不再是我们所能承受的了。我们的消化道表面有一层由细胞分泌的黏膜，这层黏膜可以保护我们的消化道表面的上皮细胞免受酸性或碱性物质的腐蚀。此外，上皮细胞本身就属于极为结实抗造的细胞类群，这进一步扩大了我们对不同酸碱性食物的耐受性。不仅如此，我们的胃中还充盈着胃酸——一种主要由盐酸和蛋白酶组成的pH值低至1.5～3.5的液体（想不到吧，我们自己的胃也会分泌盐酸，H^+主要来源于壁细胞），pH值2.7的可乐等酸性饮料食物在胃酸面前不过是小巫见大巫。在经过胃消化之后，这些酸性饮料和食物与胃酸一道进入十二指肠，在这里与肠道分泌的碳酸氢钠相中和，成为相对碱性的混合物并最终被吸收或排出体外。

一言以蔽之，没有腐蚀性、酸性不太强的食品级液体，比如pH值2左右的可乐和橙汁，我们的身体都是可以接受的，但是不要尝试任何实验试剂，即使是pH值为7的中性物质也是如此。

03.为什么核爆炸会产生蘑菇状的云?

严谨地说，不是所有核弹爆炸都会产生蘑菇云，地下的核爆就是个例外。现在我们考虑最容易产生蘑菇云的情况——近地表核爆。

在地面上的一颗核弹爆炸后，极短的时间内释放出了巨大的能量，将周围的空气等物质迅速加热。空气受热膨胀，密度减小，而核爆上方很高的地方没有被加热的空气密度较大，于是出现密度大的空气盖在密度小的空气上方的现象。这种现象自然是不稳定的，就像在油表面盖了

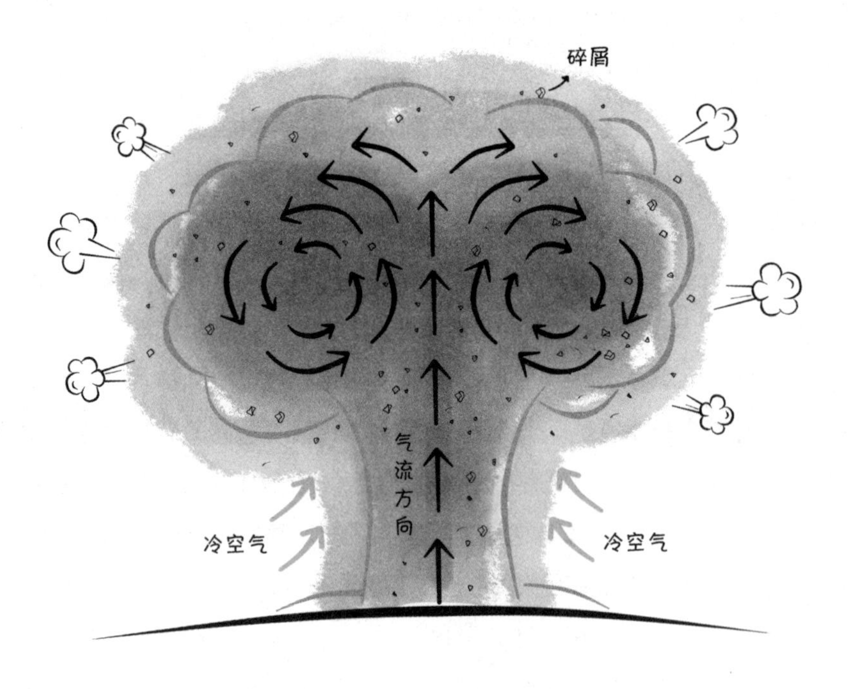

一层水一样，于是两层流体便会相互运动，这种现象叫作瑞利-泰勒不稳定性。密度小的热空气穿过密度大的冷空气上升，那么热空气留下的位置怎么办？四周的冷空气便会裹挟着爆炸的碎屑涌过来“占位”，热空气继续上升，冷空气继续跟随，这便是蘑菇云“长高”的过程。热空气在爬升过程中会逐渐冷却，因此蘑菇云不会一直“长高”。

那么蘑菇云的伞盖是怎么来的呢？热空气顶着冷空气上升，自然会遇到冷空气的阻力。想象一下，用手轻压圆柱状的橡皮泥，橡皮泥的顶部是不是会被展开压平呢？

此外，也不是只有核爆会产生蘑菇云，很多当量足够大的爆炸都有可能产生蘑菇云，例如常规装药的“炸弹之母”（一种大型空爆炸弹）也可以产生蘑菇云。

04.如果有一个长1光年的木条（不考虑引力坍缩之类的），用力推动它的一端，1光年外的另一端会立刻移动吗？

不会。从物理角度来说，这是因为介质（杆）中力的传播速度为声速，固体声速一般为5000m/s量级，相对光速而言是很慢的。

把声速和力传播速度联系起来很奇怪？回忆初中物理中“声速”一节大家应该能想起来，那里提到固体声速＞液体声速＞气体声速。相信很多人会选择找人敲击一下走廊围栏的一端，自己在另一端听声音，此时第一次听到声音（围栏传来的）和感受到围栏振动是同时的。其实声音是随振动传来的，力导致振动，而有振动才有声音！

如果还有觉得奇怪的地方，不妨从更细致的角度解释一番。介质（如杆）是由原子等微观粒子组成的，未受外力时一个粒子主要受到邻近粒子的库伦力而处于受力平衡状态，一端受力会导致受力处的那些粒子移动（其他未受力的粒子这个时候当然不会移动），移动的粒子导致其附近局部电场发生改变（库伦力随距离衰减很快，对远处粒子影响可忽略），近邻的粒子受力不再平衡，也发生移动，又影响后面的粒子。可以看到，这个过程中最快速的一步，是变化后的电场传播到邻近粒子上的速度，与光速一致；而限制力的传播速度是较慢的一步，即近邻原子响应并发生移动的速度。两种速度拉扯下来，最快不过是低频极限下的纵波声速了。

05.能不能用铁水做“鲁珀特之泪”?

首先我们来了解一下“鲁珀特之泪”这个神奇的存在。它的头部抗压强度极高，但尾部极易破碎，且捏断尾部会导致整个“鲁珀特之泪”粉碎。这种性质的原理如下：在熔融玻璃滴入冷水后，头部内外冷却速度不同，导致表面产生很强的压应力，抑制微裂纹在内部的扩展，使得

“鲁珀特之泪”头部具有很强的抗压强度；但其细长的尾部内外冷却速度相当，压应力不足以抑制微裂纹的扩展，所以一旦尾部断裂，材料内部残余应力释放，裂纹便在内部迅速扩展至头部导致整体破碎，裂纹扩展的速度可达1900m/s。

“鲁珀特之泪”的形成依赖于非晶态玻璃的特性，其内部分子流动性较低，难以通过分子的运动减弱材料内部的应力。铁水滴到水中，虽然也是快速冷却，但铁水中的分子流动性相对更好，即使是在较厚的头部，表面压应力也没有那么大，裂纹除了可以在表面扩展，也可以向内部扩展，因此破坏所需要的压应力相对要小一些。另外，铁本身的韧性等特性与玻璃相差甚远，将铁水滴入水中可以形成和“鲁珀特之泪”相似的形状，但要达到一样的性质也许不太容易。还有一些其他的材料，比如热熔胶，用同样的方法也只能做到形似而已。

除了玻璃，在家里还可以尝试用高浓度糖浆来制作“鲁珀特之泪”，因为浓度大于95%的糖浆里的糖分子几乎不能流动，形成所谓的“糖玻璃”，这与材料学意义上的玻璃类似，所以也可以形成“鲁珀特之泪”。

尾声

“不愧是院长，提出的问题果然比之前的刁钻很多！”物理君擦擦头上的汗，好在是都解答出来了，物理学院的游览也差不多告一段落，不知道最后等着自己的是怎样的回家方式。正想着，院长带领物理君和薛小猫来到一块空地前面，定睛一看，空地上不正是一个井盖吗？

“年轻人，你再回答我最后几个问题，就可以选择回去的路了！”院长笑眯眯地说。

“难道您说的先进设备，就是让我原路返回？！”物理君目瞪口呆，可归家心切，只能继续回答了。

回答完问题，物理君刚想问院长还有没有别的方法，从井盖里摔下来的难受劲儿可不想再体验一次了，薛小猫却已然跳上井盖。身体比思考更快，物理君也跟着跳上了井盖。

顿时天旋地转，物理君睁开眼睛，发现这井盖里有几条分岔路，耳边还回响着院长最后的嘱咐：“年轻人，回哪里就看你自己的选择了……”

“这还用想？当然是回家了！”物理君自言自语，可哪条路才是回到现实的路？回想起在悟理岛上遇见的人、经历的趣事、回答的问题，物理君竟然有点犹豫，也许路那边的下个未知空间也不坏，毕竟物理和所有科学都是靠对未知的探索才得以发展。

“喵呜！”薛小猫伸出前爪，仿佛已经选定了一条路。“果然，你和我的想法一样！”向着那条岔路的方向，物理君相信自己这次一定选对了。

从这里就可以离开了
又是井盖……
好晕……
年轻人，回去哪里就看你自己的选择了！
啊？！
走哪边呢？
就这条路了！这次肯定选对了！
走这边！
这段旅程可真难忘啊……

物理君大冒险："中科院物理所"趣味科普特辑

中科院物理所 编

图书在版编目（CIP）数据

物理君大冒险："中科院物理所"趣味科普特辑 / 中科院物理所编. — 北京：北京联合出版公司，2021.12（2024.11重印）
ISBN 978-7-5596-5704-6

Ⅰ. ①物… Ⅱ. ①中… Ⅲ. ①物理学—普及读物 Ⅳ. ①O4-49

中国版本图书馆CIP数据核字(2021)第225193号

出品人 赵红仕
选题策划 联合天际·边建强
责任编辑 孙志文
特约编辑 王羽翯
插图绘制 靳 柳
封面设计 左左工作室
美术编辑 程 阁

出 版 北京联合出版公司
北京市西城区德外大街83号楼9层 100088
发 行 未读(天津)文化传媒有限公司
印 刷 北京雅图新世纪印刷科技有限公司
经 销 新华书店
字 数 167千字
开 本 710毫米×1000毫米 1/16 13.5印张
版 次 2021年12月第1版 2024年11月第9次印刷
ISBN 978-7-5596-5704-6
定 价 58.00元

关注未读好书

客服咨询